不完美之美

日本茶陶的审美变革

李启彰 著

九州出版社
JIUZHOUPRESS

图书在版编目（CIP）数据

不完美之美 ：日本茶陶的审美变革 / 李启彰著.
北京 ：九州出版社，2024. 10. -- ISBN 978-7-5225
-3332-2

Ⅰ. TS971.21

中国国家版本馆CIP数据核字第2024001BX0号

著作权合同登记号：图字01-2024-4395

不完美之美：日本茶陶的审美变革

作　　者	李启彰　著
选题策划	于善伟
责任编辑	于善伟
封面设计	吕彦秋
出版发行	九州出版社
地　　址	北京市西城区阜外大街甲35号（100037）
发行电话	（010）68992190/3/5/6
网　　址	www.jiuzhoupress.com
印　　刷	鑫艺佳利（天津）印刷有限公司
开　　本	880毫米×1230毫米　32开
印　　张	8.25
字　　数	180千字
版　　次	2024年10月第1版
印　　次	2024年10月第1次印刷
书　　号	ISBN 978-7-5225-3332-2
定　　价	78.00元

茶、友、己，三人行必有我师。

饮一口茶，长一分体悟与智慧，

制一件器，生一曲手与陶土的旋律，

所以，悟茶也是「舞茶」。

建筑师

沁幸山

茶道是日本文化中特殊的一道风景。而在茶道盛行的战国时代，茶道具于拣择上历经了一段从精致的青瓷及天目，过渡到枯寂的陶器的审美转变。《不完美之美：日本茶陶的审美变革》能从当中提炼出「觉知审美」这样的见解，并借由禅做出深度的论述，可以进一步帮助中文读者更深入日本茶文化的精髓。

台湾茑屋书店总经理

桥木龍之介

以"觉知审美"
透视日本茶陶¹之美

年初时受邀至台北中山纪念馆参加岭南画派联展的开幕式，过往虽关注书画已经有一段时日，却总是看得云里雾里找不到感觉。当进入展览厅里凝望着几幅巨作，突然有一股拨云见日的领悟。一位友人在一旁问起，你的开窍是借助什么美学理论吗？

我一时语塞，却被这一问解开了长久以来的谜团。当我们在不熟悉的领域面对一件美的标的物时，不论是心中起不了任何涟漪，抑或倾慕之情满溢，都生怕暴露自己观点的不成熟而鲜少开口表达。这时如果能借由东、西美学大家的论点侃侃而谈，心中势必感到心宽踏实。

然而透过一个自己可能只是一知半解的第三者的框架来读取美，能真正感知美吗？当眼、耳、鼻、舌、身截取一件标的物所传递而来的信息时，我们最应该倾一切所能的，是借由自己的心去感受它

1　茶陶：茶席所需的各类陶瓷器的总称。

的美。任何细微的感动或觉知，都是与美的频率共振的开端。

日本早期的茶人因为看到了井户茶碗的美，而归纳出七个看点，被后人奉为审美圭臬。今日的茶人与陶艺家则根据前人的整理，去复制这七个看点。一边是因感动才触发了建立框架的念头，一边则是透过他人的框架来模拟美的再现，结果今日茶碗的形变常常为变形而变形，哪里有美的影子？我们为什么不能立基于自己的感动，参考他人对美的论述，来创建起属于自己的框架呢？

器物在无限微观下，是电子与原子的缠绕，是能量聚；心念也是能量，创作者的心念注入了器物，成为能量聚，而美即是作者心念的延展。柳宗悦之所以能将"直观"的论述与应用发挥到淋漓尽致，正是因为他能清楚感知每一件作品背后与美连结的心念，而得以发掘天下第一茶碗"喜左卫门井户"，和"民艺"的无我之美乃同源。

经过了这些年的沉淀，当我捧起一只茶碗可以感受到作者创作的心念，阅读文字可以知晓艺评者对器物之美理解的维度，透过图片可以解析器物七成的美感。只要是经由人心的淬炼，不论载体是器物，是文字，或是照片，都是承载能量的聚合体。感知该能量的能力来自觉知力的锻炼，是通过觉知力的开发，接收器物载体所传来关于美的能量，我称之为"觉知审美"。

古今中外鉴赏力高的人，都是透过锻炼自己觉知美之能量的能力，穿透表象的装饰，所鉴赏的作品不论古、今，可以直视其被包覆在深处的美。绝大多数顶级的鉴赏传承都是师傅带徒弟，因为有太多诀窍不易透过语言文字传递，只消一眼便能精准断代的鉴赏之眼，靠的绝不是单纯的见多识广。

"觉知审美"的养成有赖五感——眼、耳、鼻、舌、身的深化，尤其是眼与身的感知力。 眼所见、触所感是深入理解一件器物的不二途径。 70% 的骨架与 30% 的肌理、釉色所呈现的线条和质感，甚至气场，都逃不过鉴赏之眼的掂量。 物件若能上手[1]，更可辨明是否气韵生动，而器物所富含创作者的心念，也将赤裸裸地呈现。

"觉知审美"有着由内而外，以及由外而内的自修方法。 由内而外的部分透过修持来提升审美能力，我在前作《器与美》的精神性篇章已有完整的论述。 由外而内，则是本书的重点。 从表象入手进入内里的锻炼过程，除了大量的阅件数包括实际上手的器物及高清图片外，还得了解创作者或者其时代的历史背景，因为个人或时代的思维模式，将深刻地影响创作的本质。

日本茶陶在世界陶瓷史上呈现了一道特殊的风景，首先自南宋传入的禅茶深化为茶道发展的指导思想。 而器物鉴赏与茶道仪轨开衍为茶道唯二的关键元素，再加上日本战国时代为巩固统治者地位，使得政治与茶道紧密结合。 归结日本茶陶审美的轨迹：禅茶为思想的根源，鉴赏为茶道的骨架，政治则为全国推广铺路。

日本茶陶在桃山时期（1568—1603 年）前后的衍化，成为一个锻炼觉知审美的绝佳素材，我想借由剖析这一段重要审美观的转变，

1　上手：拿在手上把玩的意思。

协助读者精进由外而内的审美能力。

天正十四年（1586年），被茶道史学家矢部良明称为"天正十四年之变"，以战国三雄之首织田信长之死为契机，从过往茶会非得用来自中国进口的唐物[1]至上主义，过渡到以"侘寂"为主流的审美观。 这个推动审美观巨变的背景为何？ 处于历史浪尖的茶人与器物又发生了什么变化？ 本书以横跨桃山时代的代表性陶瓷井户、乐烧、萩烧、唐津烧为主要论述的背景，并以前后期相关的陶瓷作品作为审美的对照比较。

既然是由外而内地切入审美主轴，则少不了需要借由剖析器物外观的美感，培养对美的鉴赏能力。 所以在"觉知审美"的基础上，突出每一件器物的特色，并以所处历史当下的茶人，包括村田珠光、武野绍鸥与千利休等，为何捡择该器物的思维为背景，让读者模拟进入当时茶人的审美情境。

日本历代的知名茶陶，目前大多藏于各大公、私立博物馆与美术馆，图片因版权而无法直接转载。 借由与台湾主编细致的沟通，我详列出每一件作品的亮点，经由熟稔柴烧的陶艺家陈炫亨，以画师身份透过手绘传神地捕捉了原作的特色。 大家如果有机会到网上搜寻，或亲赴典藏处一睹丰采，将更能感同身受。

为了让读者在阅读的过程中，更清楚地掌握时代的脉动，书中会嵌入大量的历史背景作为故事的铺垫。 但请注意，驱动鉴赏力提

1　唐物： 在古代日本人对中国输入的物品的雅称。

升的关键是直观而非历史，陶瓷史的衍化常常会让后人误以为，审美随着时间的进程会是进步，殊不知反而可能是退化。 柳宗悦就曾感慨有陶瓷史学家，将唐物到和物（日本国产陶瓷）的推移称为"升华"，是缺乏直观能力的结果。

这虽是一本以中文探索日本茶陶审美观的书籍，但我希望借由"觉知审美"来剖析及挑战几个日本业界不愿碰触的议题，包括"一乐、二萩、三唐津"排行的私心，落款长次郎的作品却非其手作的探究，以及乐烧十五代直入的审美盲点等。 并在综合诸多史料后，对千利休切腹的关键因素，中日陶瓷审美的历史差异，井户茶碗的身世之谜等议题，提出与主流相异或崭新的看法。 文末更以身、心、灵的架构来总结与贯穿全书要旨，期许为读者提供更多独立思考的养分。 文中若有谬误或未尽完善之处，还请各界前辈、朋友不吝指正。

茶陶绘者 陈炫亨

生活陶民艺工作者。于复兴美工、台湾艺术大学、台湾工艺研究所，研习雕塑、工艺、油画、装饰陶瓷。以炫茶器为名发表茶碗创作。

创作理念：朴野真趣，即朴实中蕴涵野性、真诚中富饶趣味。

第 1 章

桃山时代之前，审美变革的背景

「日本文学对于镰仓时代到室町时代的斗茶会是这样形容的：「崇尚华奢、绫罗锦绣、精好银剑、风流服饰到了令人触目惊心的程度。」

1900　1800　1700　1600　1500　1400　130

民国　　　　清代　　　　　　　　明代

英国发动鸦片战争，进而垄断茶的贸易权。外销欧洲的茶扩增，产生贸易摩擦，

明治时代以降　　　　江户时代　　桃山时代　　　　室町时代

村田珠光，成为足利义政的茶师，并奠立了日本茶道向「茶禅一味」发展的方向。

会所茶蔚为风尚。武士阶级热爱唐物的赏玩。饮茶普及至庶民。

武野绍鸥，为千利休之师。一生致力于发扬草庵茶。

1573年《松屋会记》中，「高丽茶碗」首见于茶会记录。

1585年丰臣秀吉首度于皇宫举办茶会。

1591年千利休被赐死。

侘茶勃兴，朝鲜的高丽茶碗逐渐抬头。织田信长、丰臣秀吉利用茶道为政治作嫁。千利休集侘茶之大成。

1789年松平不昧所著《古今名物类聚》刊行。

1688年《南方录》完成。

利休与秀吉定义的茶道仪轨，于江户时代有了多样化的开展。茶道家元制度确认。

1867年德川幕府结束后，武家的茶道仪轨废弛，实业家、政治家接续茶人角色。二战后女性习茶、茶道教师盛行。1926年高桥箒庵所著《大正名器鉴》刊行。

中日茶历史对照简表

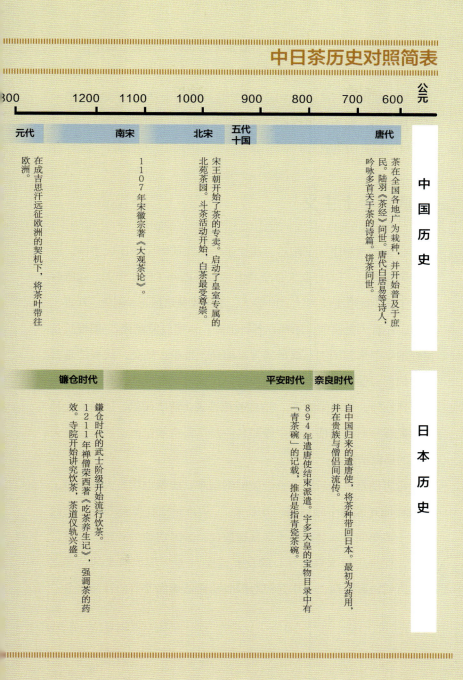

| 公元 | 1300 | 1200 | 1100 | 1000 | 900 | 800 | 700 | 600 |

中国历史

| 元代 | | 南宋 | 北宋 | 五代十国 | | | 唐代 |

元代
在成吉思汗远征欧洲的契机下，将茶叶带往欧洲。

南宋
1107年宋徽宗著《大观茶论》。

北宋
宋王朝开始了茶的专卖。启动了皇室专属的北苑茶园。斗茶活动开始，白茶最受尊崇。

唐代
茶在全国各地广为栽种，并开始普及于庶民。陆羽《茶经》问世。唐代白居易等诗人，吟咏多首关于茶的诗篇。饼茶问世。

日本历史

| | 镰仓时代 | | | 平安时代 | 奈良时代 |

镰仓时代
镰仓时代的武士阶级开始流行饮茶。1211年禅僧荣西著《吃茶养生记》，强调茶的药效。寺院开始讲究饮茶，茶道仪轨兴盛。

平安时代・奈良时代
自中国归来的遣唐使，将茶种带回日本。最初为药用，并在贵族与僧侣间流传。894年遣唐使结束派遣。宇多天皇的宝物目录中有「青茶碗」的记载，推估是指青瓷茶碗。

"唐物"为日本自中国进口舶来品的雅称，该词汇最早出现于808年的《日本后记》。室町时代（1336—1573年）受到中国文化的熏陶，使得足利幕府对中国文化产生倾慕与崇拜。而唐物的美术品雅致脱俗，绘画意境高远，是贵族身份地位的象征，也让唐物成为当时茶道具的主流。

◇ 唐物至上主义

公元618年唐灭了隋后，建立了一个空前繁荣的庞大帝国，海外声名远播。日本舒明天皇于唐太宗贞观四年（630年），向唐朝派遣了第一批遣唐使共计200多人，使团成员包括正、副史、判官、录事，还有大批画师、乐师、各行工匠、水手以及翻译。但谁具备足够的学养来领团呢？成员团为首的是一批少数精英，代表的是日本的门面，使节必须有一定的程度，在该时空背景下，有学问的人除了贵族外，就是僧侣了。这些被派遣去访唐的僧侣，回国后大都成为名震一时的高僧，其中最知名的是真言宗的空海法师，以及天台宗的最澄法师。

遣唐使是日本历史上一件关键的创举，唐朝也尽显大国风范，不藏私地开放各个领域供日本仿效。从公元630年至894年的两百六十多年间日本共派出十多次遣唐使，学习唐朝的政治、经济、文化，促进了日本整体社会的发展进程。最终因为唐末的黄巢之乱，唐朝自顾不暇，日本则担心因战乱无法确保使节的性命安危，而于 894 年正式废止遣唐使。

遣唐使热络期间还大力促进了中日贸易的发展，除了遣唐使返国时会大量携带中国工艺品，两国的贸易也频繁进行。 这时从中国输入日本的物品被称为"唐物"，而该雅称在唐朝之后的历代仍沿用。

最早出现于日本文献中的唐物茶碗，是唐末 894 年宇多天皇的宝物目录《仁寺御室御物实录》中的青瓷茶碗。 到了元末明初的室町时代，掌权者崇尚以唐物来装饰空间，尤其大量应用在茶事中以彰显权威。 站在权力巅峰的足利将军家，以搜集最高级别的唐物为乐，并为藏品建立了评价与分类的系统。

而大将军足利义满（1358—1408 年），将其唐物茶道具编纂为书《君台观左右帐记》。 自唐末至足利幕府的这 1500 多年来，茶界都信奉唐物为最高审美标准，这个时期被日本学者称为唐物至上主义。 日本文学对于镰仓时代到室町时代的斗茶会是这样形容的："崇尚华奢、绫罗锦绣、精好银剑、风流服饰到了令人触目惊心的程度。"

◇ 会所茶 VS 草庵茶

时序到了足利义满之孙足利义政（1436—1490 年）掌权之时，也是室町时代极盛而衰的转折点。 由于足利义政本身深好茶道，甚至不顾财政困窘也要让遣明使按照自己所备的图册，于入明之际大

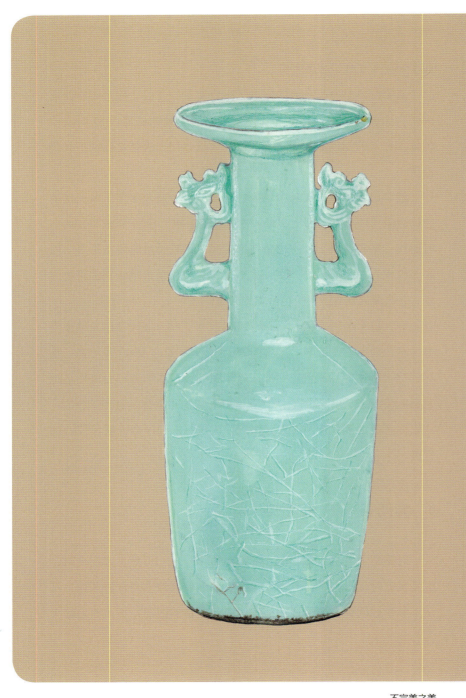

DATA

分类：重要文化财

窑址：龙泉窑

年代：南宋（13 世纪）

尺寸：高 26.6cm　直径 9.9cm

收藏：阳明文库

砧青瓷凤凰耳花瓶 铭「千声」

高贵而冰清玉洁的皇族

　　这只南宋时代烧制的龙泉青瓷，有一种晶莹剔透、让观赏者舍不得眨眼、沁入骨髓的美。青瓷所折射出朦胧的光晕，令人仿佛身处于梦境一般，难怪受到当时贵族与茶人们的溺爱。

　　我在 NHK 的视频上看到一只由京都的寺庙毗沙门堂所藏，与"千声"形制相同的南宋花瓶，双耳断失、瓶身多处以金继修复。因原有的金缮手法粗糙，于是改委托具有"神之手"之誉的复原专家茧山浩司进行二度修复。茧山将所有金继的痕迹刮除，以特殊材料及技法补上双耳，并将花瓶完美复原。连委托人武者小路千家[2] 十五代家元[3] 千宗屋，在鉴赏过成品那巧夺天工的复原度后都啧啧称奇。

　　青瓷之美，犹如怀抱一尘不染、冰清玉洁的高雅气节，更适合完美无瑕地呈现于世人眼前。

1　铭：原为金石或器物类上面为纪念事迹所篆刻之事物的来历或人的功绩。今日于收藏的范畴里，泛指器物上或其包装外箱上具有作者或收藏者的署名。

2　武者小路千家：千利休的子孙所开创出的茶道流派为里千家、表千家、武者小路千家，世称三千家。

3　家元：指的是一个流派的主导者，也就是掌门人的地位。以家元为中心率领整个流派的制度，就称为"家元制度"。

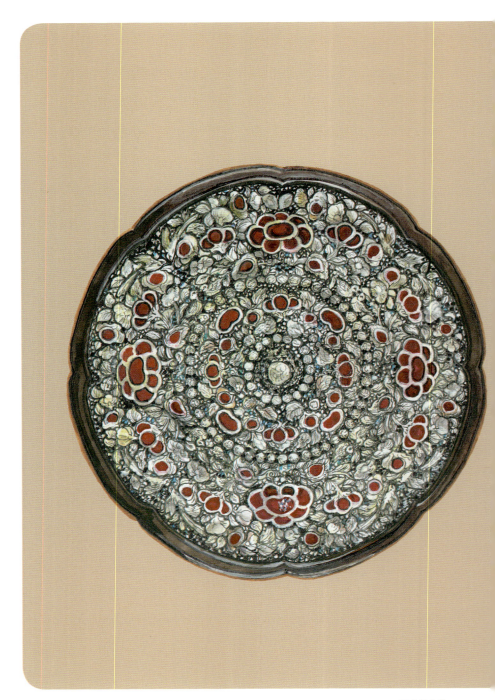

DATA

材质：青铜铸造

装饰：螺钿、琥珀、土耳其石

年代：唐代（8 世纪）

尺寸：直径 27cm　缘厚 0.7cm

收藏：正仓院

平螺钿[1] 背八角镜

极尽奢华之能事

正仓院收藏了圣武天皇（701—756 年）及其皇后光明皇后共 9000 多件的藏，包括从唐代、新罗、波斯等地运来的珍品，使正仓院被誉为"丝绸之路的终点"。

《国家珍宝帐》中记载，镜背贴满夜光贝、琥珀的薄片，以四方对称的七片红色琥珀花瓣装点，而中心处以花叶纹及双鸟纹呈现，缝隙处以土耳其石填补。这件极尽奢华的精品，凸显日本皇室的尊贵。

1　螺钿：将贝壳或海螺镶嵌在器皿表面的一种装饰工艺，因为会闪发出银紫色的光芒而得名。

肆收购唐物茶具。 足利义政在退位后移居东山，在东山庇护与培养了一群艺术家及文化人，并把能剧、茶道、花道、庭园、建筑等艺术传袭于庶民，被后世誉为"东山文化"。

足利将军家历代珍藏的唐物，则被称为"东山御物"。 根据汉、魏以来的文献，进贡给中国天子而为其所用的物品称之为"御物"，之后日本皇室对自己的收藏也沿用此称谓。 "东山御物"中的绘画主要是以宋元时期为尊的作品，而宋徽宗在艺术上的造诣深深影响了足利义满的审美观，所留存至今的宋徽宗与其宫廷画家的作品，如今在日本也大多被指定为国宝和重要文化财。

在东山文化的顶点，茶道遍及禅宗寺院、皇室与武士阶级。 在将军府内进行艺术鉴赏的茶会所，称为"会所茶"。 装饰会所茶的是各式各样的唐物绘画及茶道具，例如佛画前摆放的花瓶与香炉，陈列茶具的棚架上有各类唐物漆器、天目茶碗及茶罐。 所搜集的都是来自中国最高级别的舶来品，而打理会所茶室的皆是当时最具审美意识的僧人，凭借着其美感创造力，用一级唐物打造当时首屈一指的艺文沙龙。

相对于十四世纪达到顶点的豪奢的"会所茶"，十四世纪中叶出现了一小撮人正在酝酿"草庵茶"革命，开始与中国的美术工艺品渐行渐远，并逐步创造出崭新的、清新脱俗的审美观。 虽然从茶会的记录中得知，直至十六世纪前半叶的茶会中所使用的茶碗，几乎都是唐物的天下，高丽[1]与和物[2]仅仅点缀其中。但自 16 世纪 50 年代起，高丽茶碗的使用频率激增，和物茶碗也逐渐抬头。到了江户时代（1603—1868 年），除了天目茶碗在特殊的场合中出现外，唐物几乎在茶会中销声匿迹，也在自天正十四年（1586 年）起的 15 年间的茶会记录中呈现了这样的转变。到底是在怎样的社会氛围或环境因素下，让日本茶界孕育出这般蜕变？

现存的史料并无法完整透析，但日本临济宗禅僧正彻（1381—1459 年）在其著作《正彻物语》中率先提出了"茶数寄"，并在 200 年后衍变为枯寂风的"侘数寄"。"茶数寄"本来是指具备审美意识的茶人对于茶道具风雅的品位与探索，而"数寄"二字在柳宗悦《茶与美》中的精彩解析，表明源自"奇数""不对称"，强调日本茶道所追求"不完美的美"。日本茶道史学家矢部良明则指出，正彻时代的茶道具虽仍以唐物为主力，但濑户烧等日本模仿唐物的粗放仿制品，已开始在茶会中出现。粗放并不等于粗劣，日本茶人正逐渐从朴素的视角，检视着应用和物的可能性。

由于日本茶道的精髓在于茶道礼仪与茶器赏析，所用的茶道具则微妙地宣告了事茶人的审美观。日本茶人在茶器的拣选与文献中，呈现出独特的美学意识。那有别于中国唯君独尊的帝王美学，亦别于西方对称的均衡美，而在粗放的无名器物中，定义出实用美

1　高丽：这里泛指朝鲜所产制的茶席所需的陶瓷器，以高丽茶碗最受瞩目。
2　和物：日本所产制的陶瓷器。

的"草庵茶"新标准。

◇ 日本茶人的独特审美

首先是从大量的中国进口的粗杂器物中重新诠释其用途及美感，例如在中国原本作为香料罐的小陶罐，到了日本成为置放抹茶粉的"茶入"（小茶罐）或称为"肩冲"。 而在十四世纪初价值3贯（现今市价3万日元）的很廉价的唐物大茶罐，一旦被有影响力的茶人选为茶道具，身价便不可同日而语。 在战国时期被视为大名物[1]，但不幸在织田信长本能寺之变陪葬的唐物"三日月"茶罐，若仍存留至今则价值为1亿日元[2]。

其次是黑釉。虽然宋徽宗在《大观茶论》中写下"盏色贵青黑"，这与宋代黑釉盏能充分将击拂后的白色茶末清晰呈现有关。但除了文人风炽盛的宋代以外，中国历代陶瓷史都视黑釉为非主流。明代文人田艺蘅甚至在《留青日扎》中表示"建安乌泥窑品最下"，将建窑黑釉盏评为等级最差的器物。 然而，日本茶人却似乎更钟情于黑。 从茶室挂画的墨迹，黑釉的天目碗，黑褐色的大茶罐，黑釉

1　名物：茶道具中所指名物的"名"，源自具有传承履历及落款的"铭"。 名物，通常是茶界具有威望的武士阶级或茶人所爱藏的茶器。 而大名物则是在千利休之前就被茶界认定为名物的茶道具。

2　1588年出版的《山上宗二记》中记录了"三日月"茶罐，在桃山时代的时价为1万贯，时至今日市价跃升为1亿日元。

的茶入，南蛮、备前柴烧的水指[1]，黝黑的铁釜等，无一不是对"黑的美学"的崇拜。

柳宗悦在《茶与美》中更指出，对单色黑釉与白瓷的素色鉴赏，来自于远古佛教的空观及"无"的思想。对素色的兴趣，在茶道的推广下普及开来。"侘""寂""涩味"是对终极素色的追求。然而如果认为素色是单纯对色彩的否定就流于肤浅了！这并非对"有"否定的"无"，而是包含无限"有"的"无"。

日本茶人对日用杂器与墨色的青睐，断非无中生有，其依循的美学意识可以追溯到十四、十五世纪的两位文化界代表人物，集能剧之大成的世阿弥（1363—1443年）及连歌师[2]心敬（1406—1475年）。留传至今的经典日本能剧，有三分之一是世阿弥的作品，其广为人知的用语"冷冽之曲"，代表在去除一切造作的无心，与舍弃任何修饰的无纹中，品尝着隐藏的深奥滋味，不凭借眼和耳而仅以心来感受能剧的极致。

美学家兼艺评家白洲正子曾这么评价世阿弥："日本文化中鲜为外国人了解的，是对自然的顺从而非征服，就如同对母亲的感恩。或可说因此诞生了天人合一的思想，且在日积月累中孕育出浓厚且敏锐的感知。世阿弥以'花'来形容人的姿态，但并非由于花所具有的美姿，也非意指它的特定的品种，而是花随着时间推移所产生

1　水指：茶道用具。指盛装冷水的有盖容器，用来补充炉釜，及事后洗涤茶碗用的清水。

2　连歌：日本自古以来普及的传统诗句的形态之一。

的美。

能剧面具的魅力也正是如此。面具虽无表情，但一旦跃上舞台，却能随时间展现各种变化。这是因为面具的工匠，能精准地掌握能剧的内涵。更由于室町时代的许多工匠，同时也是能剧的演员吧！世阿弥对'花'的理解，我想是透过能剧而心领神会的。"

深受世阿弥的能艺论的影响，心敬为室町时代最具代表性的连歌师，为连歌七贤之一，强调美感意识中的"冷""寂"，并主张连歌的修行应与佛道的终极追求无有分别。

心敬在见到足利义政所持有的"舍子"大茶罐后，对其釉面的呈相有过这样的咏叹："如同清晨桥面上的霜降。"而"舍子"大茶罐正是中国量产的粗杂日用品中，被日本茶人重新审视其美感而跃升于众人视野的大名物。此事也被记录在十六世纪重要的茶会史料《山上宗二记》里。从约莫成书于 1555 年的《清玩名物记》，仍奉唐物至上主义为圭臬，结果到了 1588 年的《山上宗二记》，其严选的 212 项名物中，不少釉面及形制粗放的器物已开始攻占版面。这 30 多年到底发生了怎样的变化，让茶人审美急速"草庵茶"化？亦成为日本学者至今仍孜孜不倦的研究议题。

直至 1690 年，千利休殁后百年才问世的，记录利休言行的《南方录》中说："侘的本意，是呈现出清净无垢的佛的世界。自露地[1]到草庵，成为摒弃世俗的尘芥，及主客开诚布公地交流的场域。不

---

1 露地：是日本茶室随附的庭园的通称。宾客参加茶事时，需要穿越庭园才能进入茶室。

讲究规则、寸法与形式。 所谓的草庵茶，珍惜从入炭、沸水到吃茶的过程，此外无他。 这与佛的教诲并无二致。"自世阿弥起经过了二三百年的探索与调整，"草庵茶"有了完整的基本内涵。

第 2 章

王者
井户茶碗的登场

庶民的共鸣、禅语及器物的审美交集，最终一定会
汇集于高丽茶碗的大川之中，这看似历史的偶然，
却是毫无悬念的必然。

1588 年成书的《山上宗二记》中表示："过去曾经风光无限的唐物茶碗已渐退烧，取而代之的次序是，高丽茶碗、乐烧茶碗及濑户茶碗。"书中也记录了丰臣秀吉的评论："井户茶碗是天下第一的高丽茶碗。"自此奠定了日本茶界以井户为尊的现象，并在丰臣秀吉的号召下，开展出茶界一井户、二乐、三唐津的审美排名顺序。而井户茶碗最早出现的文字记录，则是在 1578 年的《天王寺屋会记》中。

◇ 高丽茶碗为何能翻转地位

唐物至上主义的室町时代走近了尾声时，发生应仁之乱（1467—1477 年）后群雄割据，也迎来了为期 120 多年之久的战国时代 [1]。室町时代的足利幕府所着迷的会所茶，因花费巨大仅合适于升平之世，但战乱频仍的战国时代百姓的性命朝不保夕，对茶事走向有重大影响力的武士阶级对于审美亦随环境的巨变，产生了微妙的心理变化。

茶道具中的陶瓷器最能显现时代审美的轨迹，由于日本是岛国且自身的陶瓷工艺发展较晚，透过商船自陶瓷工艺已成熟的中国及高丽进口相关的茶道具，成为填补需求的主要途径。 近代的"新安沉船"事件中，韩国政府自 1976 年开始打捞一艘十四世纪前期，从

---

1 战国时代（1467—1590 年）。战国时代是坊间的俗称，并非历史正式的划分。与室町时代（1336—1573 年）中期直至桃山时代（1568—1603 年）的时序重叠。

DATA
年代：李朝[1]（16 世纪）
尺寸：高 8.6 ～ 8.8cm 直径 15.7 ～ 16.0cm
收藏：根津美术馆

井户茶碗的记录最早出现于 1578 年的《天王寺屋会记》中，而天王寺屋是大阪势力最大的商号之一。 别号天王寺屋宗及的津田宗及，与千利休、今井宗久齐名，被称为茶道的天下三宗匠。 其所持的井户茶碗，有可能就是历史上最早出现于文献的井户茶碗。

这只茶碗满溢着恬淡闲逸的气息，乍看平凡无奇，细看却又极度耐人寻味。 底色犹如透着淡青色的粉底，几处错落的釉面裂纹沁出茶渍的墨色。 观赏者如同步入万物萌芽的早春，让一切的美好将烦忧抛诸脑后。

---

1 李朝：朝鲜王朝（1392—1910 年），朝鲜半岛历史上最后一个王朝，由于君主的本籍是全州李氏，又称为李氏朝鲜，简称李朝。

柳宗悦对天下第一茶碗"喜左卫门井户"的形容：自然的东西是健康的。美虽有千百种，但胜过健康的美是不存在的。因为健康是一种常态，一种最自然的姿态。人们在这样的场合，以"无事""无难""平安"或"息灾"来表达。禅语也说"至道无难"。只有无难的状态才值得赞赏，因为那里波澜不起，静稳的美才是最终的美。《临济录》说："无事是贵人，但莫造作。"

　　《心经》中所说的"净垢本一体"，呈现的就是极朴素与极尊贵无有分别。这样的意境完整地体现在这只被早期日本茶人盛赞的茶碗上。

不完美之美
日本茶陶的审美变革

喜左卫门井户茶碗

极朴素与极尊贵无有分别

DATA

分类：国宝
年代：李朝（16 世纪）
尺寸：高 8.9cm　直径 15.4cm
收藏：大德寺孤篷庵

中国宁波出发到日本却沉没于韩国新安外海的元代沉船，出水文物一万余件，其中 60% 为龙泉窑青瓷。 当时日本进口的陶瓷品，大多为茶道、花道、香道相关的美术品，足见日本对文化类陶瓷有着大量的需求。

高丽茶碗首度出现于 1537 年的茶会纪录《松屋会记》中，而到了 1588 年的《山上宗二记》，高丽茶碗已成为茶人的首选。 值得一提的是，高丽茶碗并不存在于高丽时代（918—1392 年），而是指李氏朝鲜时代（简称"李朝"，1392—1910 年）所烧制的茶碗，有别于中国制的"唐物茶碗"及日本制的"和物茶碗"，这三种茶碗依生产地划分了茶碗的三种类属：唐物、高丽及和物（见"东洋陶瓷系简谱"）。

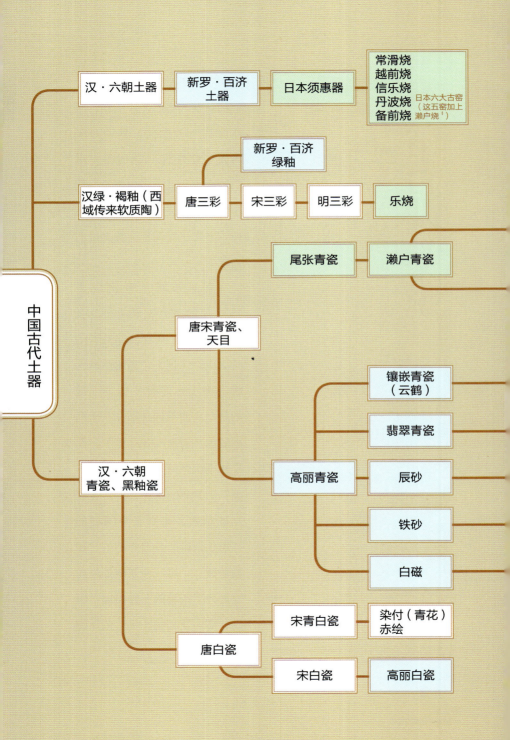

中国古代土器

汉·六朝土器 → 新罗·百济土器 → 日本须惠器 → 常滑烧 越前烧 信乐烧 丹波烧 备前烧 日本六大古窑（这五窑加上濑户烧'）

汉绿·褐釉（西域传来软质陶） → 新罗·百济绿釉

汉绿·褐釉（西域传来软质陶） → 唐三彩 → 宋三彩 → 明三彩 → 乐烧

唐宋青瓷、天目 → 尾张青瓷 → 濑户青瓷

汉·六朝青瓷、黑釉瓷 → 唐宋青瓷、天目

高丽青瓷 → 镶嵌青瓷（云鹤）

高丽青瓷 → 翡翠青瓷

高丽青瓷 → 辰砂

高丽青瓷 → 铁砂

高丽青瓷 → 白磁

唐白瓷 → 宋青白瓷 → 染付（青花）赤绘

唐白瓷 → 宋白瓷 → 高丽白瓷

东洋陶瓷系简谱

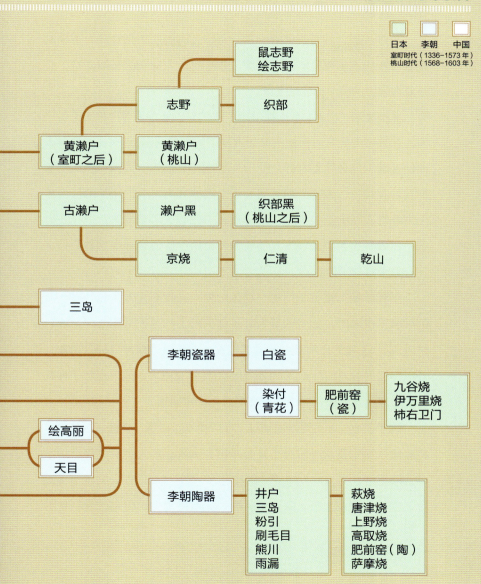

日本　李朝　中国
室町时代（1336–1573年）
桃山时代（1568–1603年）

鼠志野
绘志野

志野 — 织部

黄濑户（室町之后） — 黄濑户（桃山）

古濑户 — 濑户黑 — 织部黑（桃山之后）

京烧 — 仁清 — 乾山

三岛

李朝瓷器 — 白瓷

染付（青花） — 肥前窑（瓷） — 九谷烧 伊万里烧 柿右卫门

绘高丽
天目

李朝陶器 — 井户 三岛 粉引 刷毛目 熊川 雨漏 — 萩烧 唐津烧 上野烧 高取烧 肥前窑（陶） 萨摩烧

1　濑户烧为日本六大古窑之一，但不源自须惠器，而是源自唐宋青瓷。

翻转要素一：禅的影响

井户茶碗为高丽茶碗的一支，为什么高丽茶碗会晋升为茶界的最爱？新的审美观要能浮出台面，并得到广大受众的长期支持，必须要有强力的美学论述来支撑。

禅祖荣西 1202 年在京都创建了建仁寺，著有《兴禅护国论》一书，在该书中他认为禅法的弘扬有助于国家的兴盛。因为禅教导人即使是武士也必须要内省，时刻谨遵道德和责任。战国时代武士参禅及习茶盛行，因武士们长期处于杀戮的环境之下，精神的创伤和压力非常人能承受。利用打坐参禅的方法进入冥想模式，以及在行茶的过程领会茶道的侘、寂的精髓，有助于他们解开血怨的心结，让心灵平复与宁静。

千利休的七位得意门生"利休七哲"，几乎皆为当时名震一时的武将，也同时是知名的茶人，足可见武士们对于习禅与习茶的趋之若鹜。千利休之师武野绍鸥就曾说："茶道的精神自禅宗出发，并以禅宗为学习的终点。"[1] 这句话当真意义重大，如果误解了禅或未能很好地理解禅，对于茶道之美就会认知偏颇。

除了茶道，禅更逐渐地透过文学、美术、建筑、烹饪、园艺等，将影响从皇室及武士阶级扩及至平民，渗入日本人生活的每个细节中，使得禅成为当时日本美学的核心。禅的教诲让茶人们的审美发生了变化，柳宗悦以《临济录》中"无事是贵人，但莫造作"来形

1　出自《山上宗二记》。

容高丽茶碗的美。他说："从无难与平安的器物中将茶器选出，这样的茶人之眼令人无比地钦慕。能订出'闲寂'与'涩味'这类美的规范，他们的内心必定有着令人讶异的精准及深度。"

端详每一只陈列于日本博物馆的展柜里，或精美图册上的高丽茶碗，会有一个错觉是原来是这些令人屏息的美器，造就了动人的茶道文化！却殊不知反倒是因为一群具备茶人之眼的茶人们，自成千上万只农民饭碗中拣选出得以传世的茶碗。这关键的"茶人之眼"，就是"觉知审美"中的觉知力所驱动的结果。

日本的"茶人之眼"还隐含了一个令人瞠目结舌的史实，那就是制作高丽茶碗的韩国在 20 世纪 70 年代之前，只专注于以官窑为主轴的高丽青瓷与李朝白瓷的研究，对于高丽茶碗近乎一无所知。直到近年才逐步考据高丽茶碗乃大量产制于朝鲜半岛南部的民窑，可能主要是作为饭碗的日用杂器。

根据近代的科学研究，人在禅修进入入定的状态时，脑中会产生高频的 alpha 波。而修行有成的人，就连日常休息的非禅定状态，出现高频脑波的机率还是比平常人高出许多。器物的制成是创作者心念的延展，创作者心的频率会透过脑波投射至完成的作品，而"茶人之眼"指的就是早期的日本茶人所具备一定的禅定能力或心理素质，自己修为的振频能与美感独具的器物产生共振，而触发内在人与器物的情感交流，但实际上是观赏者与创作者心与心的交流，这也就是"觉知审美"的内涵。

日本茶人在毫不起眼的粗杂日用民器，例如饭碗、荞麦面碗、糨糊罐、调味瓶、盐罐中创造了自己美的世界，这些原本隶属于脏污厨房的日用杂器，转身成为了被锦缎包裹的茶道具。 日本茶人也在大量制造的唐物粗杂民器中，拣选了原本为香料罐的"肩冲"作为小茶罐"茶入"；或者将原本东南亚渔民置放鱼饵的陶罐，作为舀水入釜的储水罐"水指"。 我曾花了一年半的时间，每月流连于台北故宫博物院学习陶瓷的品赏，却在日本民艺馆与日本各大博物馆及美术馆的藏品中，比较及见识到了"御用陶瓷"与"民艺"的两极审美视角。

日用民器所属的涩味的世界，是日本茶人所创造的美的世界。也让最早期的、属于唐物至上主义的豪奢审美下的次级品，跃升为代代相传的大名物，并成为各大美术馆及博物馆所珍藏的不朽传奇。

| 高丽茶碗的特色和种类

高丽茶碗之所以能受到茶人们的青睐，显现于外的是种种釉面特殊的"景致"或形制，例如高台[1]上缩釉的"梅花皮"[2]，受茶渍沁染的"雨漏"[3]，以刷毛蘸取白色泥浆刷出纹饰的"刷毛目"，或姿

---

1 高台：在中国陶瓷器中称为"圈足"，但圈足与高台仍不尽相同。 圈足通常泛指碗或钵的底部，附着以低矮的圆形环状底座。但日本茶人对高台的定义及审美观，已经超越了原本是为了器物放置时安定的功能考量。 对于高台的土胎、釉药从碗身流至底部的景色，环状底座内土坯的切削手法等都予以关注，成为赏器的元素之一。 （见第 209 页井户茶碗主要细部名称图）

2 梅花皮：陶瓷器上所挂的釉药，呈现出犹如武士刀上以鲟鱼皮为纹路装饰刀柄的缩釉，被称为"梅花皮"。（见第 30 页）

3 雨漏：见第 38 页。

态、粗糙面与茶褐色调犹如柿子蒂的"柿蒂茶碗"。

仍流传至今的每一只高丽茶碗都有其不可复制的特色，就算是同一个民窑的窑口[1]，也可能只在千百个饭碗中被早期茶人相中一只。因为本来就是量产的廉价粗货，没有刻意修饰的必要，拉坯的辘轳可能高低不平而碗口变形，承釉的漏斗可能破口而施釉不均匀。这原本扔在垃圾桶边都没有农民工会拾起的破碗，因蒙早期茶人的慧眼"茶人之眼"而成为日本国宝。这便是柳宗悦在《茶与美》中叙述的，关于天下第一茶碗"喜左卫门井户"的故事。

高丽茶碗种类丰富，自十四世纪到十八世纪前半都有精彩的创作，茶道研究家小田荣一将之大抵分为三期。第一、二期原来是各类饭碗、面碗等日用器皿，因被日本茶人相中而华丽转身为茶碗的杂器。第三期则约莫在千利休殁后，日本茶人开始依据自己的喜好及规格向朝鲜订制的茶碗。也有学者依文献区分为从来窑、借用窑及倭馆窑等三期，只可惜该文献对于哪一类型的茶碗该属于哪一期，资料仍然不足。

接下来依据小田荣一的研究，并从外显的特色出发，筛选出数只含特殊韵味的茶碗，透过每一件作品的图片细节，来诉说其内蕴的美（以下每一个名称都是一种高丽茶碗的类型）。

1　窑口：陶瓷器产地的俗称。

第一期：十五世纪后半~十六世纪前半

云鹤狂言袴、井户、三岛、刷毛目、粉引[1]、割高台

1　粉引：是在陶土的素胚土上施以瓷土加工而成的白化妆土，最后再上透明釉药烧制而成的器皿。粉引的意思是"像抹上了面粉一样的白"，顾名思义，绝大多数的粉引都呈现白色。（见第35页的"三好"茶碗）

不完美之美
日本茶陶的审美变革

DATA

年代：14~15 世纪

尺寸：高 9.2 cm　直径 11.3cm

收藏：鸿池家

云鹤狂言袴茶碗

铭「浪花筒」

没落的贵族却不改一身考究的行头

　　"狂言袴"的命名是因高丽青瓷茶碗上菊花瓣的圆形纹饰，与能剧中狂言师的裙子上的图案相似而来。狂言袴茶碗是史料中最早出现的高丽茶碗。

　　这只曾经被千利休所持有的狂言袴茶碗，采用与高丽青瓷类似的漆器阴刻阳填的传统镶嵌技法，而云鹤纹饰常见于高丽青瓷茶碗，笔调从容、鹤姿闲逸，突显文人风雅的情怀。

　　浪花筒于高温烧结后呈现一种古拙、浑厚却又细腻的质感。在增添岁月的痕迹后，更显得怀旧与沧桑，像极了没落的贵族却不改一身考究的行头。

DATA

尺寸：高 8.9 cm　直径 15.3cm

收藏：个人

大井户茶碗　铭「几秋」

枫叶红了，我轻挥衣袖不带走一片云彩

　　"几秋"带着几许深秋的氛围，既是淡，也是浓。淡在井户茶碗天生的不刻意，陶工并非为了制作深秋的景致而为之，而是偶一为之后被伯乐的茶人相中；却浓在这轻轻地挥一挥衣袖，引人入胜地由浅入深，让观者进入了与自然划一的枫红林郁。

　　口缘挂上被称为"梅花皮"的乳白缩釉垂流至腰身，因窑内摆放位置受火流窜而产生的枫红气氛，碗身下半部至高台熏染了墨色的氤氲而呈现出大地的气息。每一只井户茶碗所示现的画面都等同于天造地设的景色，难怪得以受到无数茶人的追捧，而历史上茶会留有记录的至今仅有 30 多只，且争相被博物馆、美术馆及财团珍藏。

　　端详"几秋"，没有"萧瑟"感，只是秋意浓。

DATA

年代：李朝（16 世纪）

尺寸：高 7.3 cm 直径 14.6cm

收藏：京都野村美术馆

青井户茶碗 铭「落叶」

不是余生将尽，而是落叶归根后的再生

青井户是一种青瓷，颜色主要以黄色为主。"落叶"所呈现的氛围并没有萧瑟感，不是余生将尽的残相，反而是一种秋天在落叶归根后，时序进入冬藏而期待明年春天的莅临，是生生不息、周而复始的景致。

茶人小堀远州，必然洞察了茶碗内蕴的美感，在感动之余赋予茶碗贴切的命名，最终"落叶"成为传世名品。

DATA

年代：李朝（16 世纪）

尺寸：高 5.0 ~ 5.2 cm　直径 12.6 ~ 12.8 cm

收藏：个人

刷毛目茶碗　铭「合甫」

不论如何覆盖脏污，璞玉还是璞玉

　　由稻草束或刷毛蘸取白色泥浆，以一气呵成的手法快速刷出纹理，让力量与动感跃然于碗身。　圆周式的刷动韵律，经陶工的无我之手自如挥洒，让刷毛目带着随性又个性的景致，一个个独特地存在于庶民的日常生活中，而后更受到日本茶人的高度追捧。

　　李朝时代的庶民因禁用贵族专属的白瓷，又为了节约白釉的用量并产生特殊的纹路效果，所以研发了刷毛目作为白瓷的替代。

　　"合甫"是产玉著名的地名，茶碗则根据白玉般的肌理命名。　黑土坯为底，轻快雪白的化妆土[1]有序地刷上碗身，除了脱釉所生的黑白对比外，沁染的雨漏茶痕，交织出一种雪地里深远的自然意象。　"合甫"受到历代茶人的激赏，为刷毛目中屈指可数的传世名碗。

1　化妆土：化妆土是将比较纯净，含铁量低的瓷土，加工成洁白细腻，呈白色或奶白色，施于陶瓷坯体表面的一种装饰层。　化妆土也可染成其他颜色，作为装饰坯体的肌理之用。

DATA

年代：李朝（15~16世纪）

尺寸：高 9.5 cm 直径 17.8cm

收藏：永青文库

大漠孤烟直

粉引茶碗 铭「大高丽」

　　将素烧好的坯体直接浸泡在液态的白色化妆土中，再涂上一层透明釉烧制。 这挂于灰黑色土坯上的薄薄的一层白泥，如同脂粉一般的色泽，而被称为"粉引"或"粉吹"。 这个"引"在日文里有涂抹之意。 但由于白泥所含的铁成分及细石在烧结后会以黑斑及颗粒呈现，在景色上又增添了不少侘寂的风情。

　　图中口缘正中的不规则黑色斑块，像极了划过沙漠绿洲天际的飞鸟，在一片苍茫的大漠展翅，是它的日常。 茶渍沁染出一大片黄褐色块，就当作是孕育着万千生命的沙漠绿洲吧！ 有水便有生生不息的力量，让不同物种持续着生命的延续。 茶人们对于"大高丽"的爱，不就在于它既枯寂又耀眼的姿态吗？

DATA

年代：李朝（16 世纪）

尺寸：高 8.5 cm　直径 15cm

收藏：三井记念美术馆

行走在荒漠中的带刀剑客

粉引茶碗 铭「三好」

　　因战国武将三好长庆所持有而命名。"三好"以竹叶状的火痕著名，是识别度很高的历史名碗。 学者考据施釉的陶工是左撇子，以右手持碗并在左手拿勺淋釉时转动碗身，所以竹叶会呈现由右上到左下的角度（一般的右撇子是左上到右下）。 第一次施釉时挂釉不完整而露出竹叶的三角土胎，第二次挂釉时恰好一道釉药流过竹叶而形成上下两半的风景。 没有上到釉的土胎经过窑火的冲刷会产生红色的火痕，日本称为"火间"。

　　虽说火痕是竹叶状，但也似一把斜插的匕首。遥想战国时代的武将，征战时带刀赴死，休战时习茶参禅，面对的是该如何在生死之间学会放下。 斜背着长刀走过苍茫的大地，迎来的是风沙弥漫的未知，这或许是武将们捧起"三好"时内心最真的触动吧！

熊川、坚手、雨漏、荞麦、柿蒂、鱼屋

DATA

年代：李朝（16 世纪）

尺寸：高 7.7 cm　直径 14.1cm

收藏：野村美术馆

熊川茶碗　铭「灵云」

把熊猫变成茶碗

　　熊川是朝鲜南部的地名，熊川茶碗主要的特征是外形，如图标的腰身鼓起、口缘外翻。整体茶碗的内外被象征大地的灰褐色釉药覆满，由口缘流淌而下的白釉形成如白云浮动般的风情，被茶人命名为"灵云"。一般熊川茶碗的碗身会有诸多沁染而出的褐斑，像这般被釉药整体覆盖，让褐斑稀少的作品比例甚低。

　　只是熊川茶碗肥嘟嘟的外形实在过于可爱，不论作品釉面的景致是如何灵性或枯寂，总有一种与其名"灵云"的搭配上略显不协调的突兀感。但即便如此，这还是一只茶碗中的逸品，受到历代茶人的珍爱。

DATA

年代：李朝（16 世纪）

尺寸：高 7.7 ~8.2 cm　直径 15~16cm

收藏：根津美术馆

古坚手雨漏茶碗

骨瘦如柴的老者，怀着坚毅不屈的气节

　　"坚手"指的是坚硬粗杂的白瓷，有学者认为是由高丽青瓷过渡到李朝白瓷时试行错误的产出。由于有着被水分润泽过，如同上蜡的柔滑质感，受到茶人的普遍垂爱。

　　"雨漏"本形容土墙经雨水渗透留下的晕染污渍，此处指的是釉药或土坯中的铁质在烧制的过程中，透过釉面裂纹或针孔晕染而出的紫色污斑，在使用过后会逐步渲染得更为明显，成为茶碗脍炙人口的特色。

　　这只"古坚手雨漏"集上述两种特色于一身，是传世的历史名碗。貌似一位骨瘦如柴的老者，怀着坚毅不屈的气节。单单凝望着就有被引入胜境的遐思，仿佛连呼吸都能触及历史的乡愁，捧在手里则加强了心灵被润泽的渴望。雨漏有种深层的魅力，像是在远处呼唤着你的名字，让人想要亲近与触碰，去创造属于爱用者的风情。

DATA

年代：李朝（16世纪）

尺寸：高 6.0~6.5 cm　直径 16.4~16.9cm

收藏：《大正名器鉴》收录

残月当空，睹物情深

荞麦茶碗　铭「残月」

　　"荞麦"的名称来自茶碗的土胎及灰青色调，与荞麦面的颜色相似而来。外观特征上有着交错的斑纹、枇杷色加上青色窑变的两色交叠，是一只斗笠状的平茶碗。

　　"残月"被称为是荞麦茶碗中的第一极品，其命名来自覆碗所见青黄两色的交替，犹如残存的下弦月一般。"残月"真正的感人之处，是其动感的姿态，仿若律动的舞步，伴随着启奏的乐章摇曳生姿。双色的堆叠又如舞动的裙摆，有着在翩然之间随着光影洒落一地的惊叹。

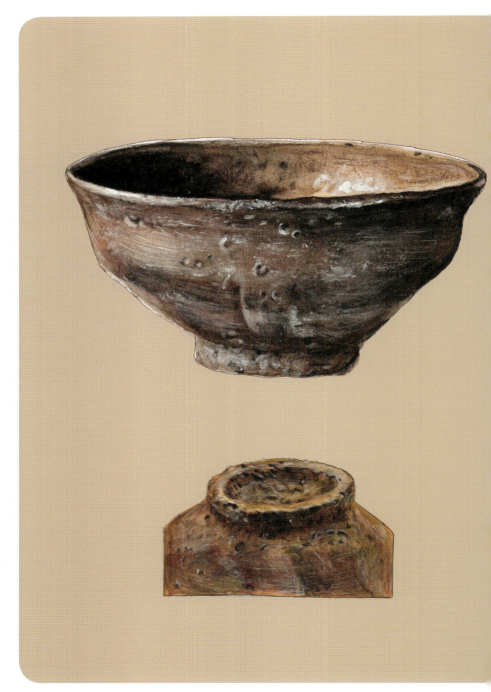

不完美之美
日本茶陶的审美变革

DATA

年代：李朝（16 世纪）

尺寸：高 7.0 cm　直径 13.6~14.4cm

收藏：畠山记念馆

柿蒂茶碗　铭「毘沙门堂」

朽叶腐土，让大地滋养重生

　　柿蒂的命名取自茶碗覆盖于桌面时，茶碗底部所呈现的外形、肌理与质感，令茶人联想到晒干了的柿子蒂的样貌。毘沙门堂属于高丽茶碗中的名碗，其朽叶色调有一种大地枯寂的深邃感，腐朽虽暗喻灭绝，却也代表死与生交替那生生不息的轮转。该茶碗蕴涵着浑厚的生命力，能给予顷刻间生死永别的武士们一股抚慰的能量，所以受到大名们的珍视。

　　生与灭，往往不是对立而是循环，灭了才能获得重生。许多人拼命保住既有的微薄利益，却不如转念脱离舒适圈以求蜕变。

不完美之美
日本茶陶的审美变革

DATA

尺寸：高 9.4~9.7cm　直径 12.8~13.4cm

收录：《大正名器鉴》

收藏：畠山记念馆

金海 割高台茶碗

风萧萧兮易水寒，壮士一去兮不复还

　　金海是朝鲜南部的地名，窑口烧造的茶碗特色是偏硬质的瓷土及割高台。 割高台，则如其名的是高台被切割的样式，与李朝当时的祭祀用器皿类似，最常见的是十字形的割高台。 这只茶碗乃古田织部的旧藏，其明显的沓形（鞋形）形变，是否为古田下单要求的客制化形制已不可考，但的确为当时的流行风格。

　　质坚、釉厚、脱釉、釉面裂纹，让整体土坯的鼠灰色露出，质坚是半瓷土的特色，厚釉部分烧结后光泽骤现。 斑驳粗放，豪迈不羁又伴随着岁月的痕迹，是这只茶碗令人过目不忘的特色。茶碗散发着苍劲的力道，沉稳而深沉地低鸣。 武士们征战沙场前若有幸捧起，或许会有"风萧萧兮易水寒，壮士一去兮不复还"的生死觉悟吧！

彫三島茶碗 铭「木村」

恰似怀旧的老竹编篮

DATA

年代：李朝（17 世纪）

尺寸：高 6.3 cm　直径 14.7cm

收藏：东京国立博物馆

　　"三岛"或称"三岛手"，是器物的压印雕刻技法的称呼，融合了镶嵌、印花、线刻、粉引、铁绘、刷毛目等技法，是历久不衰的庶民纹饰的代表。"三岛"一般是在湿软的土坯上以辅助工具印压出连续凹痕的图形，"彫三岛"则特指以刀法雕刻出所需纹路，继以白化妆土刷满器物表面，在白泥填满凹下部分后，再用道具刮去表面不需要的白泥，最后呈现灰白的纹理。

　　"三岛"命名的由来是因为日本的一部"三岛历"的历书（可类比"万年历"），其内容的编排呈现如同纹饰的效果，与该高丽茶碗上的纹样相仿而得名。

　　端详木村上的斜线刻纹，那是在大量制作下熟能生巧的刻工，陶工不刻意追求一致性的工整而流露出自在的洒脱，又恰似怀旧的老竹编篮。理论上"木村"是技工熟练后便能产出的作品，应该随处可得。实际上在规范下仍能自由地将力度及美感呈现的"三岛"作品还真不多见，然而这正是庶民美学的精髓，柳宗悦以"民艺"归结其逸趣。

横滨美术馆，初见井户茶碗

2019 年实业家原三溪的收藏展在横滨美术馆展出，我慕名前往并仔细端详了其中三只高丽茶碗：井户茶碗"君不知"、柿蒂茶碗"木枯"及无地刷毛目茶碗"千鸟"。

通常柿蒂茶碗的胎土粗糙、釉色深褐，有种深邃的静谧。而"木枯"所散发出的强大低频气场令人回肠荡气，我仿佛能与茶碗进行交流，产生至今仍历历在目的共鸣。

"君不知"是我第一个亲睹的井户茶碗，命名者有绝对的文采。遥想先秦的越人歌"心悦君兮君不知"，叙述划船的越人妙龄少女，对搭船的楚国贵公子心生爱慕所唱的情歌。小井户君不知有朝露般的清新气质，有别于其他井户大名物的奥秘内敛。"千鸟"的"无地"指的是素色，一般刷毛目技法在碗身上会有明显的刷痕。"千鸟"釉面的素色层次感，仿若云雾缭绕，碗底露出的深棕色土胎，状似大鹏展翅翱翔之姿。

这是我首次近距离观看李朝时代的井户茶碗及柿蒂茶碗，当时虽没有机会上手，但却被其强大的气场给震慑了。过往我总是徘徊于台北故宫博物院的收藏间，对汝窑莲式温碗[1]细腻而高频的能量场印象深刻，未料此次直面高丽茶碗时所感应的磁场沉稳低鸣，竟是如此余音缭绕。汝窑高频，高丽低频[2]，各自演绎了不可重复的时代之美。

1　汝窑莲式温碗：制作于北宋，十瓣花口，深弧形壁。器身依随花口呈现均匀的波浪形。这类花式温碗多与执壶配套使用，注入温水，可保持壶中液体的温度不易散失。

2　高频、低频：指的是频率的高低，在日常生活中女声的"尖叫"就是高频的表现，而声乐中的男低音是低频的代表。这里指的是陶瓷器所散发出的能量频率。

DATA

尺寸：高 5.6 cm　13.3cm

收藏：原三溪

小井户茶碗　铭「君不知」

一只被丢弃的破旧老碗

当得知得以一睹井户茶碗的本尊丰采，我立刻千里迢迢地自京都远赴横滨，并驻足于"君不知"前良久，让自己完全融入茶碗外扩的氛围中。

"君不知"是一个乍看之下极不起眼的茶碗，但碗身因沁色而深浅交叠、局部釉面隐隐透出青色釉痕，似乎正想倾诉着表象之下所隐藏的故事。茶碗有着一股恬然的安定力量，时而如少女般无忧，时而如老者般从容。它或许正具备着如同柳宗悦所言的"无事之美"。无事才是真美，观赏者又何必非得寻觅它非凡的理由。

不完美之美
日本茶陶的审美变革

DATA

年代：李朝（16 世纪）

尺寸：高 7.2 cm 直径 13.5cm

收藏：原三溪

无地刷毛目茶碗 铭「千鸟」

群鸟振翅高飞，搅动风云

"千鸟"乃粉青沙器，是由 14 世纪末式微的高丽青瓷过渡到 17 世纪的李朝白瓷期间，各地民窑所生产的李朝时代的代表性瓷器；于制作时在灰黑色的土胎上涂刷一层化妆土，并进行各类装饰的技法。"无地"意指"素色"，这样的素色并非一无所有，而是透过毛刷、薄釉及微微露胎的横纹将肌理内敛地表露，最终呈现的釉相则更耐人寻味。

"千鸟"是桃山时代大名伊达政宗爱用的茶碗，造型来自禅僧的托钵，其命名来自茶人的想象，将土坯隐约的雕纹赋予翱翔天际的飞鸟意象，碗身只见流动的白釉厚薄深浅，恰似千鸟振翅而令风起云涌。

翻转要素二：茶道与政治的千丝万缕

始于室町幕府，直至战国三雄的织田信长及丰臣秀吉皆醉心于茶道，进一步蕴育了将茶道与政治紧密结合的土壤。 首先是利用各大名（具有领土俸禄的武将）对外来文化的憧憬，将茶道的仪轨上升到宴客、议事，甚至在重大决策时都常在茶室进行的层次。 再者由于群雄割据，常年需要在扩张领地的征战中论功行赏。 但能赏赐的城池有限，于是采取另类操作，将珍稀茶道具作为重要战役的立功犒赏，结果常让武将们因受赠的是城池而非茶碗而懊恼不已。

曾经有一位大名自丰臣秀吉手中得到一个名物茶入（小茶罐），结果当该国即将遭受他国攻击时，此大名赶忙秀出受赠的茶入，作为他已与秀吉达成同盟的铁证，并恫吓对方如果贸然进攻将会被秀吉讨伐，而化解了一场战役危机。

由于当时日本自身的陶瓷工艺相对落后，所以当丰臣秀吉在1592 年至 1598 年两度剑指明朝实则入侵朝鲜之际，最后虽铩羽而归却掳获许多技艺精湛的朝鲜陶工，这些陶工到了日本后成就了日本陶瓷业的急速发展，被后世称为"陶瓷战争"。这场战争背后的政治盘算，显然与茶道具密切相关。

这场被中国史学家称为"万历朝鲜战争"的中日韩战役，结局是由明万历皇帝派兵化解了朝鲜的灭国危机，战争也在丰臣秀吉过世后戛然而止。当时大名物的曜变天目茶碗、井户茶碗等动辄需花费数万石米，相当于一个小地方大名的岁入。 所以秀吉虽然无法遂行领土扩张的春秋大梦，但以战争形式换来全面接收高丽青瓷与高丽茶碗的技术，正是陶瓷战争的实质收益。

翻转要素三：武士的生死交织

高丽茶碗中的王者井户茶碗，其最重要的特征之一是其碗底高台的缩釉，犹如武士刀以鲟鱼皮为纹路装饰刀柄，被称为"梅花皮"。当武士捧起茶碗触及高台的梅花皮，如同手握武士刀抚触着鲟鱼皮纹饰一般，有一种无可取代的独特魅力。

抹茶分为薄茶与浓茶两种，薄茶为一人一碗，浓茶则为多人共饮一碗，浓茶的浓度比薄茶浓厚许多。 战国时代的浓茶扮演一个非常重要的角色，就是除了进入茶室的狭小入口前必须卸下武士刀之外，入到茶室后大家共饮一碗浓郁的茶汤，是一种推心置腹的仪轨，表示茶中无毒，彼此是能够生死与共的伙伴。

由于室町时代流行的天目茶碗容量太小，数人共饮时显得窘迫。高丽茶碗直径大，让平时豪迈的武将们你一口我一口地啜饮着更为自在，而逐渐成为茶席中的要角。

传说丰臣秀吉有一次举办浓茶会，受邀的众多大名之一是秀吉手下的将才大谷吉继。 大谷因染上了麻风病而面生脓疮，在共饮浓茶时不慎将一滴脓液掉入茶碗中，让后续的大名无人敢接着饮用，结果轮了一圈后茶汤还是满的，这时气氛尴尬至极。 忽然听到石田三成[1] 嘟囔着口渴，催促众人将茶碗递到他面前一饮而尽，然后请亭

1　石田三成： 为秀吉的心腹，在秀吉死后，因支持秀吉之子丰臣秀赖，与野心勃勃的德川家康对决于关原之战， 其结局为战败后被处死。

主再添加茶汤，使后续茶会得以顺利进行。

　　据说大谷在茶会结束后回房时大哭一场，在这个武士对尊严看得比生死还重的时代，他决定以一生来回报石田。 丰臣秀吉死后，德川家康与石田三成为争夺政权展开殊死战，大谷吉继原来是家康麾下的将领，明知石田胜算不高，仍倒戈投靠石田。 大谷对石田说：“我因病成了瞎子，你也因对太阁（秀吉）的情谊成了瞎子，让我们这两个瞎子死在一起吧！”

　　这一碗茶汤，不知罗织出多少战国时期轰轰烈烈的故事，茶道仪轨与茶碗随着历史的衍化，紧紧扣住许多人的生死。

◇ 丰臣秀吉对茶道的影响

　　根据《天王寺屋会记》中所载，自 1573 年到 1582 年本能寺之变织田信长（1534—1582 年）去世的这十年，是唐物至上主义的黄金期。 织田信长四处以权利威逼及高价收取各式珍稀唐物，被冠上了“名物狩猎”的名号。 绝对权力对审美有着必然的影响，因此茶界的审美倾向在丰臣秀吉（1537—1598 年）上位后悄然发生改变。

　　丰臣秀吉所处的战国背景是所有人将唐物奉为权力巅峰的象征，秀吉自身也充分利用了唐物，作为一面拉帮结派一面犒赏战功的政治工具。 但是到了 1590 年他完成统一大业的前后，思维自单纯的武将逐步转变为统治者，而茶道如何能与统治结合，秀吉算是费尽了心思。

不完美之美
日本茶陶的审美变革

秀吉自己是草民出身，深知笼络人心是天下太平后迎向盛世的关键，且本身对于村田珠光开始倡导的草庵茶的特质也深感认同。据 1578 年《宗及他会记》记载，秀吉初期拥有的井户茶碗就有 14 个之多，所以秀吉会赞叹"井户茶碗是天下第一的高丽茶碗"其来有自。

取天下后的治天下，秀吉的治理方式之一是透过强调"四民平等"的茶道普及于民。 四民指的是士、农、工、商，人人于茶席前一律平等。 与利休的弟子利休七哲之一的高山右近私交甚笃的天主教传教士罗德里格斯，写下《日本教会史》一书，描述了他在信长与秀吉时期对茶道的缜密观察："'草庵茶'茶人的财力虽不如'会所茶'茶人，但就算以粗放的替代品演绎着茶禅的精神，对于茶道的礼法却仍然一丝不苟。 两者在金钱的富裕及匮乏的背景下的确不同，但追求'出世'的精神维度却是一致的。 "聪明如秀吉自然对此清晰洞彻。

于是迎来了 1587 年的北野大茶会这个精心策划的盛会，茶会发布文告说，只要热爱茶道，无论武士、商人、农民，只需携带煮水茶釜一只、水瓶一个、饮品一种即可参加。 没有茶，以米粉糊替代也可。 自由选择茶席位置，没有榻榻米，用一般草席也可。 无论任何人，只要光临秀吉的茶席，均可以喝到秀吉亲自点的茶。 此文告一出，茶会当天聚集了 800 多个茶席，是日本茶史上空前的盛典。

北野大茶会的总执行人虽然是千利休，但真正的总导演是秀吉。秀吉想透过该茶会昭告世人，他所追求的四民平等的世界，开始透过茶道迈出了第一步。

◇ 中日茶碗相较，历史发展的两个缺憾

我常年在台北故宫博物院浏览的陶瓷，以宋代到清代的皇室藏品为主。 宋瓷是中国陶瓷美学的巅峰，汝、官、哥、定、钧五大名窑绝大多数都是皇室御用。 我在故宫赏析汝窑莲式温碗时，感受到优雅的高频振动，那明显是一种贵族气息的漫延。 宋徽宗将点茶的程序完美写入《大观茶论》：从调至融胶、珠玑磊落、粟文蟹眼、轻云渐生、浚霭凝雪、乳点勃然，到溢盏而起。 他追求的是文人雅士于生活品质的升华，当啜饮一口依宋代点茶法所打出的一碗末茶[1]，已纳米化的细致泡沫将思绪带往飘飘欲仙的云端。

中国茶碗的历史发展有两个致命的审美缺憾：一是以皇帝的审美思维为轴心，前朝的审美观在改朝换代时往往被摒弃； 二是审美缺乏一个可长远遵循的核心价值。

以皇帝审美为轴心

中国自一万多年前的旧石器时代起，就有陶器的制作，而自东汉（公元 23—220 年）始，便能烧造成熟的瓷器。 从秦始皇统一天

1　末茶：指的是唐、宋所饮用的茶，都是将风干后的茶叶磨为细末，制为饼片，在饮用前再行碾磨为细末后，置于茶盏中注水并以茶筅击拂而成，亦称为点茶法。点茶也是日本抹茶茶道的前身。

下，建立了中国历史上第一个专制的中央集权王朝起，皇帝便主导了陶瓷的烧造。所以自秦代君主专制制度的确立到清代的灭亡，皇权对陶瓷的烧制有绝对的影响。

宋徽宗在《大观茶论》定义斗茶当用"盏色青黑，玉毫条达"的兔毫建盏[1]，还常与士大夫斗茶，甚至亲自点茶、分赐臣子。一时间王公贵族、文人骚客，更甚者市井百姓莫不争相仿效。范仲淹于是写下《和章岷从事斗茶歌》中"胜若登仙不可攀，输同降将无穷耻"的诗句。而明代加强了对御用窑的控管，包括官、民窑在造型、纹饰及规格上的区隔。相当比例的器物是在皇帝授权下烧制的，因此皇帝的喜好、品性、信仰、施政方针等对瓷器的烧制产生了极大的影响。清代的康熙、雍正、乾隆三世对陶瓷的美感要求更是著名的积极。康熙将西洋的珐琅彩成功烧制于陶瓷，而雍正将文人画的"诗书画印"呈现于瓷器，到了乾隆的"转心瓶"及集十七种釉彩于一身的"瓷母瓶"，更是繁缛的炫技大作。

既然皇权是绝对权威，新皇帝自然想要追寻超越前朝的美。美学大家李泽厚在《美的历程》评论各代的陶瓷时说："宋代讲究的是细洁净润、色调单纯、趣味高雅，它上与唐之鲜艳，下与明清之俗丽，都迥然不同。"所点出的正是皇帝自诩为御用窑的总设计师，在改朝换代时意欲超越前朝，并凸显自己的非凡品位。清帝在陶瓷审美上随意地指手画脚，却暴露了自己对美见解的相对庸俗。

---

1 建盏：是指福建建窑出产的茶盏，用福建建阳一带含铁量较高的黏土为胎底烧制而成。后来由日本僧人在浙江天目山取得，带回日本后称之为天目茶碗。

审美缺乏可长远遵循之核心价值

宋代民间俗谚"皇帝一盏茶，百姓三年粮"，因团茶制作劳民伤财，在明代朱元璋废团茶后，建窑废除了建盏的烧制，点茶与茶碗的使用随着团茶消失于历史，让后人在错愕中只能找到有限的史料。 这表面上是经济考量让茶碗几近消失于世人的视线中，取而代之的是明代的散茶与壶泡法的崛起，但实则宋代茶碗美学缺乏了可以支撑其长期发展的理论依据。更因宋徽宗的《大观茶论》追求的是茶事方方面面的艺术极致，可是对各类艺术极致的冀求及无心国政，却反而成为导致北宋灭亡的关键因素。

宋代的点茶传至日本，则有了不同的开展。 日本高僧荣西二度入宋，不仅带回茶种子，还带回了禅法，所以被后人尊为茶祖与禅祖。 但日本茶道所谈的"茶"并非中国人饮用的茶汤，而是茶道礼仪与茶器鉴赏[1]。 我在日本习茶的友人说，他学了10年的茶道，喝来喝去都是同一品牌的三款绿茶，茶汤的滋味到底如何从来都不是重点。

煎茶则由中国的隐元禅师在江户的中晚期带到日本，使散茶的壶泡法在民间开始流行。 然而与中国不同的是，抹茶道既未因政权的交替而式微，煎茶道也未取代抹茶道成为主流。

最根本的原因，是禅与抹茶道的深度结合。《南方录》中记载

---

1 关于日本茶道的"茶"指的是茶道礼仪与茶器鉴赏，请详见柳宗悦的《茶与美》，九州出版社。

集"草庵茶"于大成的千利休，回复弟子南坊宗启的提问时说："陋室茶的第一要义，是佛法的修行与实践，直至开悟。只要家不漏雨，食能饱饥即可。这也是佛的教诲及茶道的本意。"

从村田珠光（1423—1502年）设定的"茶禅一味"四字开始，日本正式将茶的修行目标提升为"道"，并勉励所有茶人一生追寻直到开悟。茶道既然注入了禅的内涵，有了人们一辈子努力都难以企及的精神标杆，改朝换代的影响也就微乎其微了。再者，禅既与茶道深度结合，且欲使茶道礼仪及茶器鉴赏成为不朽，已沉淀了数个世纪关于的茶禅一味的论述中，行茶的器物主体都是茶碗，便更不可能轻易被茶壶取代。

任何一项艺术的发展如果有坚实的理论依据作为支撑，就相对能走得深远。这也是日本希望将所有艺术都自"术"提升至"道"的层面的原因，不谈茶艺、花艺、弓术、剑术，而言茶道、花道、弓道、剑道等背后的驱动，是传承者借由禅的教诲延续艺术命脉的思维。

◇ 庶民的共鸣、禅语及器物的审美交集

柳宗悦在《茶与美》中说："茶境就是美的法境。以器物为媒介的禅修是茶道。"茶器鉴赏既是茶道的关键要素，在丰臣秀吉致力于推广至士、农、工、商的"四民平等"的过程，就需要有更能接地气的文字语言及实物内涵。

"侘寂"并非庶民语言，连知识分子也不见得解释得清楚。我曾请教过一位能创作出精神性器物的日本陶艺家何为"侘寂"？他告诉我这是一个日本人之间不会交流的议题，但他会尝试向外国人说明这个侘寂文化的内涵。 我相信这与中国人之间不会讨论何谓"道可道，非常道"的道理是一致的。 为了让庶民都能浸润于茶道的教化中，约莫明代中期的日本茶人找到了一个自饮食借用的语汇"涩味"来替代"侘寂"，并用以说明器物之美。

　　"涩味"原是指饮食间舌间的微苦或粗糙的感觉，柳宗悦在《茶与美》中进一步说明，茶人引申来解释那原始的韵味，被层层包覆在美的深处，而这样的极致美，人们以"涩味"称之。"侘寂"是知识分子的语汇，"涩味"才是庶民朗朗上口的语言，顿时让庶民也有机会接受茶道的洗礼。

　　更甚至这些与庶民朝夕相处的锅、碗、瓢、盆，也可能因为具有被茶人所理解的"涩味"之美，而能让它们摇身一变成为茶道具。于是茶道具不一定非得像唐物般遥不可及，"喜左卫门井户"茶碗的原貌，正是这一类农民日常的饭碗，透过茶人之眼的鉴别而成为日本国宝。 相较于高丽茶碗的枯寂，唐物虽有独具的美感，但如若瓷器的高贵、完美与雕琢，并无法很适切地融入日本广大庶民的生活之中。

美学的感悟终于日常

　　若说唐物的精美属于上天的雍容，高丽茶碗则属于大地的朴拙。

正如我透过"觉知审美"所感受到汝窑莲式温碗的高频，与高丽茶碗"木枯"的低频；一边是贵族曼妙的舞姿，一边是庶民夯实的律动。两者虽然皆是无有分别的禅意之美，但能够让茶道成为日本全民运动的美学，只能是"涩味"美学。一旦以美学的普及为目的，唐物的精致珍稀，必然不敌高丽茶碗的粗相；"侘寂"的学术词汇，必然逊色于"涩味"的庶民语言。

庶民的共鸣、禅语及器物的审美交集，最终一定会汇集于高丽茶碗的大川之中，这看似历史的偶然，却是毫无悬念的必然。

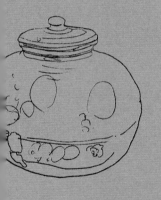

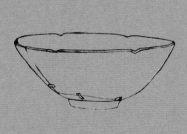

第 3 章

村田珠光、武野绍鸥与千利休的世纪审美观

村田珠光所倡议的草庵茶，承袭了早期世阿弥和心敬的，被茶道史学者矢部良明归纳为「冷、冻、寂、枯」的美学意识。

提及日本茶道，有三位不可不着墨的巨匠。在许多世人的眼中，"草庵茶"始于村田珠光（1423—1502 年），开展于武野绍鸥（1502—1555 年），最后由千利休（1522—1591 年）集其大成。虽然后人依据史实考据三人的师承并非直接的师徒关系[1]，但三人在精神层次的一脉相承却早已受到茶界的认同与推崇。

◇ 村田珠光，"茶禅一味"的开山祖

村田珠光（1423—1502 年），室町时代的茶僧，早年在净土宗的寺庙出家，也是足利义政的茶师，是奠定日本茶道朝茶禅一味发展的开山祖。足利义政的时代正是唐物至上主义发展到巅峰之际，却也同时是孕育"草庵茶"的重要阶段。《山上宗二记》中记录了一段故事，有一天足利义政招来御用艺术家能阿弥，一起欣赏一个釉面枯寂氛围浓烈的大茶罐。足利义政跟能阿弥说："像这般精彩的茶罐却未曾命名，不就像是无名的弃子一样？"该茶罐从此以"舍子"为名。

村田珠光所倡议的草庵茶，承袭了早期世阿弥和心敬的，被茶道史学者矢部良明归纳为"冷、冻、寂、枯"的美学意识，让被华

---

1 武野绍鸥最初师承于藤田宗理，其后又师事珠光的首席弟子宗珠。宗珠与藤田宗理皆为村田珠光的后继者。内容出自《别册太阳・千利休》155 期，及《山上宗二记》。

根据千利休之孙千宗旦所书《茶话指月集》，千利休师事于辻玄哉，辻玄哉为武野绍鸥的首席弟子。内容出自《别册太阳・茶之汤》251 期。

不完美之美
日本茶陶的审美变革

丽文物环绕的足利义政，对于枯寂风炽烈的器物也能产生强烈的共鸣。 这也可以说是世阿弥、心敬与村田珠光三人所奠基的日本美学，让日本的器物审美缓步迎接将要到来的巨变。

村田珠光写给古市播磨法师的一纸书信《心之文》，传递给了后世重要的茶道心法。

《心之文》主要的用意，在于清楚地定义茶道的真髓，是在体验唐物及和物茶器之美的基础上，与心相结合的艺术。 这样的思想对后世的审美观产生了巨大的影响。 曾为村田珠光旧藏的灰被天目茶碗，被后人冠以"珠光天目"之名。 成书于室町时代（1336—1573 年）后期的《君台观左右帐记》中记录了各式天目碗的价值，璀璨的曜变天目居于首位，而灰被天目几乎敬陪末座。 到了 1588 年的《山上宗二记》中对于天目茶碗的评价是："灰被天目乃天目中的天目。 而建盏中的曜变、油滴、乌盏、鳖盏、玳瑁、禾天目的价格则不值一提。"霎时灰被天目如同灰姑娘的逆袭一般，摇身一变成为全场最闪亮的明珠；而原来神一般存在的曜变天目，顿时被贬入冷宫。

目前传世的灰被天目的共通特色，是土胎黝黑带鼠灰色，黑釉与灰釉二重挂釉。 乍看下无表情的黑，被洒上一抹幽暗的银，反复端详后感受到其充满气势的压迫感。 在珠光的引导下，从此，室町时代后期的茶人们终于能在平凡中看见非凡的美。

心之文（全文）

　　此道最忌我慢我执。嫉妒能手，蔑视新手，最为亵渎此道。须就教于前贤，只字片语皆须铭记在心，亦须提携后进。此道第一要义，是要消弭和、汉的区隔而将两者合二为一，此事至关重要，必须用心。断非如部分茶道初学者，为了彰显"冷""枯"之境而使用备前、信乐[1]等和物茶器，自以为因此就能登堂入室而自吹自擂。

　　"枯"指的是能品味上好的茶器之美，并打从心里体会其奥义，进而与"冷""瘦"等美感产生共鸣。若未能臻至此境界，则无需对器物过于执着。倘若遇到鉴赏能手，虚心求教比什么都还重要。切忌自慢自傲及故步自封，但同时不要失去自信心与荣誉感，否则此道仍属难行。

　　当作心之师，莫被心所师，古人亦如是叮嘱。

1　备前、信乐：指的是日本六大古窑中的备前烧、信乐烧。

DATA

年代：南宋～元代（13 世纪

尺寸：高 6.5 cm　直径 11.5

收藏：永青文库

原本唐物的天目茶碗，最受瞩目的总是曜变及油滴，在"侘寂"美学意识的推波助澜下，人们终于学会在平凡中看见非凡。朴素的本质、沉稳的釉相，在黑釉的底色中轻披灰釉的黄彩，而被称为"灰被天目"。透过村田珠光对于"茶禅一味"不遗余力地推展，最终麻雀变凤凰，在桃山时代逆袭了曜变天目而成为天目碗之首。茶人们更因其吻合珠光所提倡之"冷""枯"的意境，因此冠以"珠光天目"的别名。

　　珠光天目虽不如曜变天目的七彩夺目，但其黄、蓝、灰、黑等多色融合的景致，在强光折射下所幻化的银色基调，却难掩其别具禅意的低调奢华。

茶陶故事 ❷

天下最美的不解之谜，三只曜变天目茶碗

　　全世界仅存的三只完整的曜变天目茶碗都在日本成为国宝，中国仅于2009年在杭州出土了一只残件。根据室町时代前期成书的《君台观左右帐记》所载，曜变天目茶碗当时为十万贯，换算为今日价格超过十亿日元。

　　当土质、灰釉、温度、窑压，各种天时、地利、人和因素在叠加后，釉面出现的气泡爆裂所产生的一点一点的多彩釉斑，即有机率形成曜变天目釉。但为何千年以来窑变的生成仅有三只碗传世，至今仍然是个不解之谜。内面银色的斑纹、银斑周边蓝青色的光晕，在强光照射下甚至散发出七彩虹光，的确在陶瓷史上成为伟大的传奇。

　　2009年在杭州市挖掘出曜变天目残件的窑址中，发现70%的残片都与三只完整的曜变天目有着相似的斑纹及光彩。由于出土地点经据为南宋王朝的迎宾馆，或皇妃的宅邸，所以部分学者推测曜变天目乃南宋的宫廷文物。然而中国皇帝御用的汝窑，连一件都没有出现在日本传世的清单中，如此珍稀的曜变天目茶碗，为何中国历史上并无记录？又为何悉数去了日本？

　　有位台湾资深陶艺家的一席话，在我脑海中萦绕多年："中国是皇权集中的社会体制，万一皇帝看到了，指定要烧出一批一模一样的曜变茶碗，陶工还有活命的机会吗？"所以偶然间烧结的完整品流传出去，其余的一律打掉，只要皇帝不知道，自己便能保住性命。但实际上真实的故事为何？或许还有待未来更多出土文物的验证。

分类：国宝

窑址：建窑

年代：南宋（12~13世纪）

尺寸：高6.8 cm　直径12cm

收藏：静嘉堂文库美术馆

曜变天目茶碗（一）

光辉耀眼，七彩夺目

　　最绚丽的，静嘉堂稻叶曜变天目。原由德川家康收藏，后来赐给小田原藩主稻叶正则，自此命名为"稻叶天目"。这也是三只曜变天目中，斑纹、虹彩色彩变化最丰富、知名度最高的一只。

曜变天目茶碗（二）

星空万里，绵延不绝

DATA

分类：国宝

窑址：建窑

年代：南宋（12～13世纪）

尺寸：高 6.8 cm 直径 13.6cm

收藏：藤田美术馆

　　皇室御用的，"御茶碗曜变"。外包装的内箱盖上以金粉书写了"御茶碗曜变"，说明了该茶碗与皇室的关系。后来归德川家康所有，最后被藤田家族于二次世界大战前购入。该茶碗以金银镶边，光泽漆黑、釉厚，在散落的众多大小不规则的圆斑周围，有着如彩虹般的光晕。

DATA

分类：国宝

窑址：建窑

年代：南宋（12 ~ 13 世纪）

尺寸：高 6.5 cm 直径 12.1cm

收藏：大德寺龙光院

曜变天目茶碗（三）

低调神秘，锋芒难掩

　　最神秘的，龙光院曜变。 过去三四十年间仅展出过三次的国宝，被称为"最神秘的曜变"。内侧浮现着银色及带有黄白色的斑纹，周围散发出青、紫、绿、黄的光彩，是三只曜变中最安静、最朴素的存在。 原为豪商兼桃山时代的茶道三大宗匠之一的津田宗及所持有，后来宗及的次男接任龙光院住持后，自此成为了龙光院的收藏。

万里寻根的青瓷茶碗

龙泉青瓷的雍容华贵、曜变天目的光彩夺目，各式绝美的唐物对平安时代的皇室贵族而言，无一不是完美与骄奢的代名词。然而平安时代后两百多年，大将军足利义政却能欣赏残缺之美，这与禅的影响逐渐发酵息息相关。足利义政在连歌师心敬，及其茶师村田珠光等追寻"冷、冻、寂、枯"的美学大家的环绕与熏陶下，发现在不完美中所蕴藏的美，才更能长久及传世。

平安时代是日本皇室贵族经由遣唐使的媒介，开始接触茶的初期阶段，并对青瓷之美惊叹不已。这在史实中平重盛捐献大笔黄金，换得一只龙泉青瓷碗，居然可以在两百多年后重返龙泉，只为再现青瓷之美而万里寻根中窥见。

青瓷轮花茶碗 铭「马蝗绊」

虽不完美但温润如玉

DATA

窑址：龙泉窑

年代：南宋 12～13 世纪

尺寸：高 9.6cm　直径 15.4c

收藏：东京国立博物馆

不完美之美
日本茶陶的审美变革

这件梅子青釉色的龙泉窑青瓷葵口茶碗，其釉相的精致细腻，让日本贵族们爱不释手，这也是日本茶人对唐物最早的传统印象。马蝗绊在茶陶审美变革的前后，也颇具代表性的意义。

江户中期的儒学家伊藤东涯在《马蝗绊茶瓯记》中记载，平安时代（南宋孝宗淳熙年间）的重臣，平重盛（1138—1179 年）为了拓展与宋朝的贸易，向杭州育王山寺庙捐赠了大笔黄金，于是住持以龙泉窑青瓷茶碗作为回礼酬谢。200 多年后辗转到了足利义政的手中，碗底已经出现了破损。

足利义政派遣使者携带茶碗至浙江龙泉，希望能找到工匠仿制相同的完美茶碗。但此时明朝工匠已无法重现如此卓越的青瓷釉色，匠人只能以铜绊铜钉进行修补，并送回日本。足利义政见到偌大的铜钉竟连呼："蚂蝗！蚂蝗！"并盛赞铜补[1]技艺的精妙。从此该茶碗就被称为"马蝗绊"。

1　铜补：原指以金属铜钉的方式修复陶瓷之意，本书中延伸至各式依赖金属材料修补破损陶瓷的技艺。

◇ 武野绍鸥，承先启后"侘茶"的巨匠

武野绍鸥（1502—1555 年），出身自战国时代最繁华的都市，堺市的豪商之家。向村田珠光的弟子藤田宗理及宗珠习茶，并于大德寺出家参禅。根据《山上宗二记》，武野绍鸥是当时茶界鉴赏力最出色的茶人，并培育了集草庵茶于大成的千利休。绍鸥持有 60 件左右价值不菲，有传承履历的名物，包括大茶罐中居首位的"松岛"及传世的茶入"绍鸥茄子"等等，详列的 212 件《山上宗二记》的名物中，随处可看到"绍鸥旧藏"的标注。武野绍鸥一生致力于草庵茶的发扬，但直至过世时草庵茶的普及却仍是未竟之功。

武野绍鸥曾写过一封教育意义深远的书信给千利休，被后人称为《绍鸥侘之文》。

唐物茄子茶入 铭「绍鸥茄子」

平凡无奇，帽子却画龙点睛

DATA

分类：重要美术品
年代：南宋（13 世纪）
尺寸：高 5.7 cm　直径 3.0cm
收藏：服部美术馆

不完美之美
日本茶陶的审美变革

武野绍鸥所珍藏的茄子形状与色泽的茶入，进一步深化了"侘茶"的审美观。"绍鸥茄子"已一改平安时代初期对雍容华贵、精巧细腻唐物的青睐，而把原本作为香料罐的素净小品，配上一个象牙盖子，在茶席上赋予了一个填装抹茶粉的"茶入"新角色。

绍鸥时期对茶器的审美，已进入了枯、寒的幽玄境地，然而任何新审美标准的建立，一定需要强而有力的论述为基础，加上数代人的认同、努力与实践。绍鸥茄子至今成为传世珍品，让后人见证了始自村田珠光的"侘茶"，成为后世茶道美学的灯塔。

早期的日本茶人的确有着脱俗的审美观，在极其平凡的小罐上装点雅致的象牙盖子，让美免于孤高地仅供少数人自娱，而能雅俗共赏让大众亲近。

绍鸥认为对于"侘"的理解，若未能先穷究唐物"会所茶"的意涵，又怎能造就"草庵茶"的极致？从俗世出离而遁入隐蔽有其必要，那歌道与佛道相通之心，也是茶道所向往的境地。相较于珠光的珍惜荣誉感与忌讳自傲，绍鸥希望与世俗保持距离，洁身自爱，不求珍稀及崭新的器物而能知足知止。他的风采如同吉野山的苍郁，春去夏逝后秋的月夜，如同月光映射的枫红。绍鸥的心之所系，举目皆是"枯""寒"，是巨木迎冬后落叶纷飞，枯寂的物理状态，是悟的境地，是舍弃欲望的姿态。

绍鸥侘之文（节录）

茶事，本来是在某段时间的余裕里享受远离世俗的快乐，以一碗茶及一盆鲜花来款待至亲好友的到访。"向（绍鸥）先生求教之事，我（利休）没有丝毫的不知足。对于以心传心的未知部分，若称之为本性的话，那不得不说任何的未知都是奇妙的。"感谢您（利休）的这一番话。您并非一般人，具有天赐的耳识及眼识，不受乌云的遮蔽。虽说我俩内心十分契合，对茶事能充分乐在其中，但当中的奥妙却非言语得以表达。文字所能传达茶道的真髓，毕竟不仅欠缺而且浅薄。

今日对于投机的古物如珍宝般尊重的风潮令人可叹，在往后的时代里真实的"侘"的形、影即将不再，商业上刻意操作古物与"侘"的混淆，会造成不可避免的悲哀。"侘"这一字汇，让似是而非的学者不论花多少功夫都仍徒然。对未修持本心的人而言，"侘"终将无可亲近。

◇ 千利休，集草庵茶为大成

千利休（1522—1591 年），出身于堺市贩售鱼干的小批发商之家，千为商家的商号。根据《山上宗二记》，利休向武野绍鸥的首席弟子辻玄哉习茶。千家其后在商界成功，利休成为在大阪的堺市有影响力的茶人。尔后因织田信长积极将政治手段与茶道挂钩，身为优秀茶人的利休也逐渐浮出台面，成为信长的茶师。信长殁后，利休跃身为丰臣秀吉的首席茶师，并成为秀吉倚重的智囊，俨然站在了历史的高峰，那一年利休 60 岁。

利休一手握着呼风唤雨的权力，一手满怀普及茶道的理念，他不知自己即将创建的茶世界，会如何影响千千万万的后人。利休传世的文字并不多，更多的是他的弟子及子孙所侧写的记录，但是"守、破、离"却是他流传最广泛的论述之一：规则需严守，虽有破有离，但不可忘本（《利休道歌》第 120 首）。

守、破、离

纪州德川家的家臣横井淡所，向表千家第七代传人如心斋宗左求教茶道的奥义时，将习得的心得整理为《茶话抄》一书。当中关于"守、破、离"的章节，不断被后世的茶人与学者深入探讨及引用，读来让人对利休可谓刮目相看。一则重要的心法，可以历经七代口耳相传而保持其纯粹及高度，足以见得利休必然建立了一套精粹的传承体系，让后代的理解力能接续不衰。

有位武士就教所有关于对茶道事物的熟悉及生疏之间的差异，得到的回复是参考兵法所使用的守、破、离。茶道与兵法的实际运用虽略有不同，却有相通处。

"守"为下策，仅坚守茶事形式，其他一律视而不见，如同守株待兔；

"破"为上策，虽谨守常规，但临场随机应变，时而"守"时而"破"，"守"为法"破"亦为法，如同见风遣帆；

"离"为高人，指的并非常规，而是在任何状况下都能创造出让"离"回归法的境，能"离"方能"守"，应无所住而生其心。

"离"也是禅的境界，强调能随心所欲不逾矩。所以利休弟子山上宗二是这么形容他的老师："自山巅至山谷，由西而东，破一切茶道法度，择器自由自在。利休随手拈来都充满生趣，但一般人若东施效颦，则易入邪道，更不见容于茶道。"

切腹，只因对美永不妥协

1591年丰臣秀吉下令蛰居在家的千利休切腹谢罪，这一年千利休70岁。利休人生最辉煌的10年犹如樱花陨落，令后人无限缅怀。世人追究原因，一般归结为两点。一是利休资助大德寺山门的修建，完工后大德寺为答谢其慷慨解囊，在山门的楼上设置了利休的木像。一天秀吉与随从自山门下经过，被善妒者挑拨为胯下之辱。

二是利休的"茶人之眼"能将平凡茶器点石成金，被好事者形容为赚取差额暴利。但这两点在后世的研究中，被许多人质疑秀吉的欲加之罪何患无辞。

那到底什么才是主因？宗教学者仓泽行洋在其著作《对极桃山之美》中，直指是两人对美的理解层次的差异。秀吉早已盛赞井户茶碗为茶碗中的王者，但他对"侘"的追求在于"朴素、草根"的美；而利休向往的是"冷"的审美意识，是根源于村田珠光《心之文》中的"冷""枯"，是"高远冷峻的朴素、草根"的美。简而言之，秀吉的"侘"是"原味的侘"，但利休的则是"枯高的侘"。

史学家芳贺幸四郎则在其著作《千利休》中指出，唯我独尊的秀吉有着强烈的征服欲，而利休骨子里则蕴藏以美为刃，对绝对权威的挑战。一位是想让艺术屈服于政治权利下的独裁者，一位是茶世界里艺术的最高实践者。利休的茶道是以清淡简素的美否定复杂豪奢，以自然自在的美排除人为的不自然，以内蕴宗教灵性的美作为美的一统。所以当黄金茶室[1]的金碧辉煌与草庵茶室的粗陋素简对撞，代表旧时代与新时代审美意识的相克，或许秀吉内心深处早已了解自己的一败涂地，却绝对不认输的性格，成为压垮利休的最后一根稻草。

1　黄金茶室：1586 年丰臣秀吉将其贴满了金箔的黄金茶室，搬到京都御所内，向正亲町天皇敬茶，并于隔年 1587 年在北野大茶会中展现给世人。后因战乱毁损，直到近代才由静冈县 MOA 美术馆依据存留的史料负责复原，让世人得以回味秀吉权力巅峰时的作品。

美，就是我说了算

千利休说"美，就是我说了算"，成了21世纪"曾参杀人"的现代版故事。

曾参是孔子的学生，也是有名的孝子。一天村子里有位同名同姓的曾参杀了人，同乡跑去告诉他母亲曾参杀人了，曾母不信。过一会儿第二位来报信，曾母仍不信。直到第三位跑来嚷嚷，曾母丢下梭织慌张地逃走。

千利休说"美，就是我说了算"的豪语传遍中文网络世界，搜索引擎一查，这句话所延伸的各式各样的歌功颂德与崇拜式的文章铺天盖地。前一阵子多位朋友表达了对千利休这句经典名言的钦佩，但，利休真的说过这样的话吗？《利休百首》第96首"茶道本粗相，诚心待客最重要，取用合适的茶器即可。"对于器物不求华美，只问宾主尽欢的相应，是何其谦卑的姿态！

"美，就是我说了算"这般目中无人，唯我独尊的厥词，又岂可能出自利休之口！那到底这么煽动性的言辞出处为何？

原来是来自一部电影《一代茶圣千利休》的文宣，只能说写手太厉害，把虚构的电影台词及情节混入史实，经由网络大量曝光让读者难辨真假。网络的以讹传讹，早已是全世界政客及有心人士操作风向的惯用手法，文化圈也很难避免。

电影还有另一句杜撰的千利休金句："自我死后，茶道衰微。"这句刻意扭曲原意的话是出自《南方录》中，利休感慨茶道的堕落可能发生于十年之后，因为茶道的废弛通常正是它最繁盛之际。 正如佛教定义现下为"末法时代"，指出释迦牟尼逝世后一千年至一万年间群魔乱舞，魑魅魍魉都出来四处假借佛名布道传法。 利休与佛教的出发点，都是提醒世人真理难觅，必须时时自我精进，断非扭曲的唯我独尊。

真正的醒世净言，需要读者仔细咀嚼，反求诸己。 商业用语，却巴不得世人听了热血沸腾，在社交媒体广播群发。 今日将此假金句输入两岸强势的搜索引擎，结果是数页近数十则的假信息词条，别忘了曾母相信曾参杀人只需三则。 我比较了日文网站对"美，就是我说了算"的搜索结果，是零，连一丁点儿接近的信息或讨论文字都没有。 原来文化的地域性差异可以有如此巨大的商业操作空间。

乐烧，称霸的背景及美学传承

长次郎的「静」、光悦的「自由无碍」，及直入新技法烧贯黑乐的「中西合璧」都再次将乐烧推升到了一个历史的新高点。

丰臣秀吉时井户为首的排序是一井户、二乐、三唐津，到了千利休殁后成了乐烧为首的一乐、二萩、三唐津，排名的更动肇因于陶瓷技术的突破，市场的认同及茶人求新求变的考量，是时代衍化的必然结果。 这虽并不一定代表日本整体审美价值观的改变，但可以自排序的调整及传承的轨迹逐步检视变动的原因，并于其中萃取历史的养分。

◇ 千利休与千家十职的渊源

　　传约莫明代末年，千利休有一回路过一间生产屋顶用砖瓦的工厂，看到烧制的砖瓦很符合心目中理想的茶碗氛围，于是请出了工厂主人长次郎，商请长次郎协助烧制茶碗，乐烧茶碗自此诞生。 根据乐五代宗入的推测，长次郎的父亲为移民自中国的阿米也。 在长次郎的陶狮及瓜纹平钵[1]等传世作品中，可见到源自中国的三彩陶的成熟技术。

　　从丰臣秀吉帮织田信长提鞋时起，日本对于茶碗的需求就已经到了举国疯狂的地步，与其耗用大量钱财购入唐物及高丽茶碗，国产之路势在必行。 这也是千利休殁后隔年，秀吉便发动陶瓷战争的背景。 将朝鲜陶工携至日本推进国产化制成，是 20 世纪发展中国家吸引西方投资、引进技术提升产制能力的翻版，只是当时日本采

1　瓜纹平钵：长次郎所作，直径 33cm，高 6cm 的大陶钵，钵中以瓜为纹饰。 采用中国南方交趾烧的技法烧制，东京国立博物馆藏。

取的方式是武力的巧取豪夺。

千利休身为创造力独具的茶人，以自身的美学找寻技术精湛的职人协同打造理想的茶道具，这放在今日也是稀松平常之事。或从成熟的职人的成品中拣选合宜的器物，或与尚未成熟的职人交换意见共同打造实用性更高的器型，也成为我的日常。

千利休所开创的"千家十职"，涵盖十种手工业，与其承袭的名号如下：

茶碗：乐吉左卫门

铁釜：大西清右卫门

漆器：中村宗哲

木器：驹泽利斋

金属器：中川净益

布品：土田友湖

挂轴、屏风：奥村吉兵卫

细工：飞来一闲

竹器：黑田正玄

陶瓷器：永乐善五郎

我在京都拜访第十五代釜师大西清右卫门时被告知，450 年前江户时代的大西家由于是御用，也就是国家出钱资助的，一年只要产制三个铁釜便可支撑起一个家族。现在他一年最少要产制 20 个铁壶或釜，一只要价三百万日元，却只有大商社的社长能负担，再加上有一个大西清右卫门美术馆需要营运周转，经营情况并不容乐观。

◇ 乐家与千家的绵密关系网

茶碗为茶道具中的重中之重，千利休的目光及布局，显然并非常人所能想象。 根据日本陶瓷协会第五届理事长，日本美术史学家矶野信威的研究（见"乐家·三千家系图"）[1]，利休在请托乐烧初代长次郎创作乐烧茶碗的同时，便协助长次郎组建了工作室，而长次郎最早的帮手就是田中宗庆（千利休在天皇赐名前的本名为田中与次郎）以及宗庆的两个儿子。

矶野信威进一步根据表千家所藏，桃山时期画师长谷川等伯所绘《利休画像》的题词所示"宗庆常随侍在利休一旁"，以及文禄三年（1594 年）利休的罪责得到平反后的追悼会，列名为首的参加者为宗庆、少庵、道安及龟。 其他三人均为利休子女，宗庆为何列名其中一员？综合多方资料，矶野信威判定宗庆不仅是利休最亲近的左右手，还是利休 15 岁时所生的长子。 《乐长次郎研究、利休与南方录》作者奥野秀和则提出，与利休无血缘关系的宗庆因受到利休的赞赏，后透过当时上流社会的"镀金"方式，成为利休的养子。

田中宗庆育有两子常庆与宗味。 宗味的女儿嫁给了长次郎的儿子长二郎，但由于长二郎早殁，乐家的衣钵便传给了常庆，由常庆继承了乐家第二代的掌门人一职，一直传承至今十六代。 不论田中

1　出自《一乐二萩三唐津》朝日新闻社，1977 年出版。

不完美之美
日本茶陶的审美变革

宗庆是利休的长子或是养子，其实整体乐家脉系都已成为利休的子孙系谱。

丰臣秀吉把"乐"字金印赐给了乐家，长次郎并未使用，而是在长次郎殁后由宗庆启用，所以长次郎的所有作品都没有落款"乐"字章。根据五代宗入的《宗入文书》所载，实际上长次郎的作品是由工作室完成的，其中除了长次郎本人的创作以外，还包括田中宗庆、其子常庆、宗味及长二郎共五人协力完成，所以在长次郎名下的创作中，也可以窥见风格迥异的作品。

女婿继子皆承袭在族谱中

而与乐家宗庆、常庆父子交好的创作鬼才本阿弥光悦的曾孙辈子嗣平四郎，在成为乐家的女婿后，以女婿的身份接任乐家第五代传人并更名为宗入。这类传承在日本武士体系中，已有几个世纪的历史，大名的直系子孙如果不幸战死或不成材，便从女婿中挑选，再次之则从家臣的子嗣中选拔，选定后过继到自己门下承袭自身的族谱。

另一方面，千利休续弦的对象宗恩，是织田信长旗下的大名松永久秀的侧室。利休再婚之时，久秀与宗恩之子少庵也一同过继到利休膝下，成为千家二代传人。少庵娶了利休的女儿龟，所生之子宗旦则接任千家三代之职。宗旦年幼时，利休就非常疼爱这个孙子，经常带在身边见各种世面。到了宗旦晚年时，在《茶杓绘赞》中留下一句名言："8岁开始习茶，到了80岁的今日还在摸索中。"

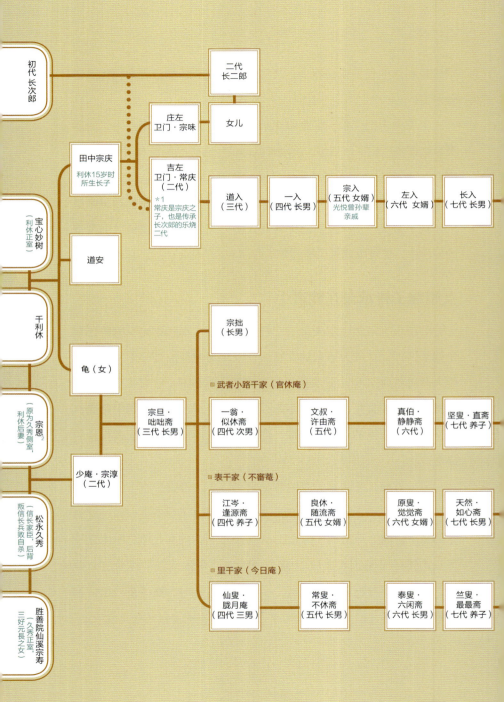

初代
长次郎

二代
长二郎

庄左
卫门·宗味

女儿

田中宗庆

利休15岁时
所生长子

吉左
卫门·常庆
（二代）

*1
常庆是宗庆之
子，也是传承
长次郎的乐烧
二代

道入
（三代）

一入
（四代 长男）

宗入
（五代 女婿）
光悦曾孙辈
亲戚

左入
（六代 女婿）

长入
（七代 长男）

宝心妙树
（利休正室）

道安

干利休

龟（女）

宗拙
（长男）

宗恩
（原为久秀侧室、
利休后妻）

宗旦·
呐呐斋
（三代 长男）

■武者小路千家（官休庵）

一翁·
似休斋
（四代 次男）

文叔·
许由斋
（五代）

真伯·
静静斋
（六代）

坚叟·直斋
（七代 养子）

少庵·宗淳
（二代）

■表千家（不审菴）

江岑·
逢源斋
（四代 养子）

良休·
随流斋
（五代 女婿）

原叟·
觉觉斋
（六代 女婿）

天然·
如心斋
（七代 长男）

松永久秀
（信长家臣，后背
叛信长家兵败自杀）

■里千家（今日庵）

仙叟·
陇月庵
（四代 三男）

常叟·
不休斋
（五代 长男）

泰叟·
六闲斋
（六代 长男）

竺叟·
最最斋
（七代 养子）

胜善院仙溪宗寿
（久秀正室、
三好元长之女）

乐家·三千家系图

得入
（八代 长男，
30岁病殁）

了入
（九代 次男）
旦入
（十代 次男）
庆入
（11代 女婿）
弘入
（12代 长男）
惺入
（13代 长男）
觉入
（14代 长男）
直入
（15代 长男）
笃人
（16代 长男，
当代）

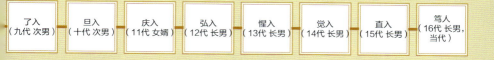

*1 出处：史学家矶野信威在《一乐二萩三唐津》的附录。

*2 松永久秀在兵败于织田信长后，因看好利休的未来，死前将侧室
宗恩，及儿子少庵过继给利休，并促成少庵与利休之女龟结婚。两人之
子宗旦，成为三千家的推手。

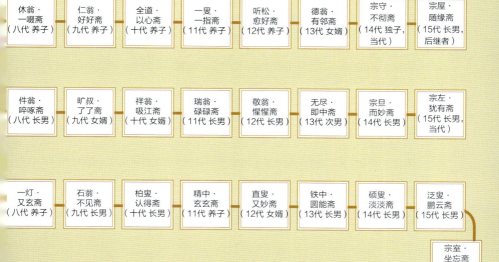

休翁·
一啜斋
（八代 养子）
仁翁·
好好斋
（九代 养子）
全道·
以心斋
（十代 养子）
一叟·
一指斋
（11代 养子）
听松·
愈好斋
（12代 养子）
德翁·
有邻斋
（13代 女婿）
宗守·
不彻斋
（14代 独子，
当代）
宗屋·
随缘斋
（15代 长男，
后继者）

伴翁·
啐啄斋
（八代 长男）
旷叔·
了了斋
（九代 女婿）
祥翁·
吸江斋
（十代 女婿）
瑞翁·
碌碌斋
（11代 长男）
敬翁·
惺惺斋
（12代 长男）
无尽·
即中斋
（13代 次男）
宗旦·
而妙斋
（14代 长男）
宗左·
犹有斋
（15代 长男，
当代）

一灯·
又玄斋
（八代 养子）
石翁·
不见斋
（九代 长男）
柏叟·
认得斋
（十代 长男）
精中·
玄玄斋
（11代 养子）
直叟·
又妙斋
（12代 女婿）
铁中·
圆能斋
（13代 长男）
硕叟·
淡淡斋
（14代 长男）
泛叟·
鹏云斋
（15代 长男）

宗室·
坐忘斋
（16代 长男，
当代）

他最后开创出传世至今的三千家，表千家、里千家及武者小路千家。

自图表中可见，千利休的子孙们罗织了一张惊人而绵密的家族网络，将茶道最关键的两大要素茶道礼仪及茶碗赏析，密实地包裹在族谱中。

乐家疑似刻意贬抑长次郎并追捧田中宗庆

乐家对自己与千利休脉系的关联，及描述长二郎多起事迹的《茶道旧闻录》等许许多多的记载采取选择性的认知[1]，且不顾史学界的怀疑声浪，在官网中以长次郎取代了长二郎的身份（否认有长二郎的存在）[2]，仅提及长次郎娶的是田中宗庆的孙女。 根据既有的史料，矶野信威推算出长次郎大了副手田中宗庆 23 岁[3]。 只是去迎娶一位小自己 23 岁下属的孙女，可能性极低。 且根据奥野秀和的田野调查，学术地位崇高的矶野信威对长二郎身份的确立与乐家相关

1 　当代乐家对《宗入文书》的考据仅选择性地引用，有利用史料不全的灰色地带，将长次郎的辈分贬为田中宗庆的孙女婿，以突显宗庆的乐家"家祖"的地位。 唯曾在 1988 年由乐美术馆出版的长次郎四百年忌纪念展的专册中，不仅完整呈现了《宗入文书》的内容，并引据以说明册中相关的作品。

2 　《茶道旧闻录》中记录田中宗庆之孙女在嫁给长二郎后，因长二郎年轻时早殁而回到娘家烧窑。 在留存的手书史料记载于长次郎殁后，加藤清正及织田道八曾分别向长二郎下茶碗的订单，且织田有乐斋也曾因举办茶宴向长二郎发出邀请函。这些记录都足以证明长次郎殁后，长二郎的角色与身份。

3 　根据《宗入文书》所载元禄元年（1688 年）是长次郎的百年忌日，矶野信威推算长次郎殁于 1589 年（与乐家官网一致）。 而长次郎享寿 77 岁是各持己见的史学家们的最大公约数，依此推断长次郎生于 1513 年。田中宗庆则在传世的作品"三彩狮子香炉"上刻有"年六十 田中 天下第一宗庆（花押）文禄四年（1595 年）吉日"，而得知其出生于 1536 年。 依此田中宗庆小长次郎 23 岁。

族谱的描绘，的确得到当时茶道家元们多数的认同。

对照今日乐家低调地应对诸多专家学者的质疑，背后或许另有复杂的原因，我试图将之收敛于两个关键因素：一是日本重要的职人系谱，都十分在乎传承的血统。长次郎不仅是田中宗庆的领导，且两人没有任何血缘关系。然而乐家450年来的传承都是田中宗庆的血脉，所以需要创造一个宗庆凌驾于长次郎之上的位阶。因此利用史料不全之便，将原本迎娶宗庆孙女的长二郎，以长次郎的身份置换，让宗庆"家祖"的地位突显出来。二是为了避免让他人觉得有选手兼裁判之嫌，而刻意模糊及淡化千利休与宗庆的关系。毕竟将乐烧列为和物茶碗之首的，就是以三千家为主的茶道系统。再者，千家十职排序为首的也是乐家。

日本精英在各行各业靠着缜密的人际关系网，历经数代甚至十数代的家族运作，本来就是社会的常态，所以三千家与乐家都是千利休的子孙一事并非不可想象。只是我仍佩服利休的高瞻远瞩，他虽然无法预见长二郎的早殁，但与长次郎联姻的安排，脑海中肯定已经有了不分彼此的族谱谋划。茶道系统的话语权既然掌握在三千家手中，对于乐烧就不会是单纯的力挺，那只能是亲兄弟般的支持，也是一乐、二萩、三唐津的排名中，乐烧居首的最主要原因之一。但是，美的排序果真如此吗？又，从美的角度审视历代乐烧的作品，会是怎样一幅景象呢？

◇ 乐家传承十六代的美学观

2016 年 12 月，京都国立近代美术馆以"茶碗中的宇宙，乐家一子相传的艺术"为题，展出乐家 450 年来 16 代每一位传人的茶碗作品，策展人在序言里提及"这不仅是一场诉说着传统与传承的特展，更是根据不连续的连续所创造出的乐烧艺术"。 主办方解释所谓的不连续的连续，是在传统的传承中让每一代传人根据当代的环境与条件，拥有一个自由创新的空间。 那到底代代相传中，传承了什么又什么不传承？ 根据乐家十六代传人笃人亲口证实，乐家传承450 年的真正秘密是"什么都不教"！

因为一旦教导技法，则只剩下模拟；一旦教授釉药，则釉面千篇一律；一旦剖析窑烧，则效果缺乏惊喜。 一切的一切从泥巴开始到烧窑，需要的是开始时不断地尝试失败，失败了再尝试。 从配土、釉药到烧窑，只有在过程中感受到一点一滴成功的喜悦才会铭记在心。

然而任何一位传人都必须面对的双重压力，一是祖辈的盛名。自长次郎以来 450 年的历史，多少先祖的丰功伟业让世人津津乐道，自己若难以创新或超越，就会承受一股巨大的压力。 二是市场的竞争。 科技的进步让任何釉药的配方与制成技巧在业内已无秘密，决胜负的仅剩天赋与努力，面对市场上其他优秀的陶艺家辈出，也能创作出色的乐烧茶碗，自己当如何突破困境？

答案在于心，是心的内在修炼成就了外显的形制线条与釉色质

静不是死寂，而是由「静」生「动」

黑乐茶碗 铭「万代」

DATA

年代：16 世纪

收藏：乐美术馆

　　"万代"有一种深层次的缤纷，似乎将世间一切色彩尽收于内，仅让有缘人能惊鸿一瞥，一睹丰采后又念念不忘。

　　我在京都乐美术馆的展览中，隔着玻璃柜屏息凝视着这只茶碗，感受到它有别于其他乐家传人作品的气质。

感。 每一件自己的作品都代表着创作者对美的宣言，是心对于美的共鸣以器物的形式映入了世人的眼帘，更是心在接受人生淬炼时依据自身领悟的深浅所倾注的阶段性思考。

乐烧家族 450 年来最受到日本陶艺界重视的，非长次郎、光悦及 15 代传人直入莫属。 长次郎的"静"、光悦的"自由无碍"，及直入新技法烧贯黑乐的"中西合璧"都再次将乐烧推升到了一个历史的新高点。

初代长次郎的"静"

2018 年我走访京都乐美术馆时，亲睹了长次郎的作品"万代"。 并非雄奇之作，未见高山峻岭。 但感受长次郎力透指尖，一捏一压阴面阳面、挂釉窑烧浑然天成、一收一放似显又隐、一吞一吐静谧深邃尽收碗底。 这便是长次郎 450 年来在乐烧领域无人能及的原因，他的作品散发的"静"，不是死寂，而是由"静"生"动"。 我在作品前驻足良久，感受着长次郎安静的气场，那是一种安定人心的力量，让观赏者充满宁静的喜悦。

极为可惜的是，展品一旁出自十五代直入的解说："是在极度压抑装饰与造型的变化下的一种安静的趣味。"真正的"静"，既不是一种趣味，更不会是在极度压抑下产生的，那是一种身心浸润在祥和安宁的境地所产生的升华之心。 年逾 70 的直入不理解"静"的底层所蕴涵的深意，就无法了解长次郎，这对乐家 450 年来的传承不可说不是一件憾事。

2016 年底京都国立近代美术馆举办了一场"茶碗中的宇宙，乐家一子相传的艺术"展览，15 代直入在参与的一场会谈中表示，柳宗悦批评长次郎的茶碗是"伪装的无作为"，而民艺品才是真正的无作为与无心之作。对此评论直入认为所谓民艺品的无作为，只不过是幻想罢了。人本身就是有为与前行的动物，作为或无作为并非重点，民艺品或高丽茶碗都是各自时代所孕生的，有着令人感动的力量。

◇ 柳宗悦对"无为"之美的坚持

时至今日，柳宗悦审美的唯一坚持"无为"，是来自陶工的谦卑，及收受了大自然的灵感所致。柳宗悦盛赞井户茶碗的背景，是一群未掺入个人意识且不识字的陶工的集体创作；而今日的器物都是作者主观的个人创作，难怪直入会说无为只是幻想。但是直入忽略了对美的理解也是一种修行，及"唯有空碗能承载"的重要。

对"无为"的虔敬是今日陶艺家的必修课，否则作品难有精神性的表达。近代陶艺巨擘北大路鲁山人（1883—1959 年）虽然生前对同世代的人言语尖酸刻薄，业界树敌无数，但曾说："自然之美是我唯一仰望的导师，我对美的持续探究及陶艺之路皆由此开始。"其对自然的谦卑与学习溢于言表，传世的作品至今仍受到广大后世的推崇。

直入在 2000 年左右开始的新技法"烧贯黑乐"，以东方泼墨

DATA

系列：岩上泛濡洸 [1]

年代：2004 年

尺寸：高 11.5 cm　直径 9.0 ~ 14.1cm

收藏：佐川美术馆

烧贯黑乐茶碗

西洋油画中的泼墨山水，意境高远

　　"岩上泛濡洸"系列作品，是直入的"烧贯黑乐"技法在 55 岁时臻至成熟的作品。 这件作品里 70% 的骨架气势饱满，形体上不论捏、削、切、压都似随心所欲；而 30% 的肌理釉色，糅合了西方的抽象油彩与东方的闲寂粗放，呈现出令人耳目一新的惊艳。

　　直入写下《岩上泛濡洸》的诗篇作为创作的主题：

　　若能登白云，岩下万丈深。

　　洸中迎光明，身近方知悉。

　　雨滴濡岩肌，岩裂苔露地。

　　啮合老根时，洸道刻云根。

　　洸至得五德，辉映诸物明。

　　从诗意中领略到直入企图将大自然的巨岩与光影，收摄到茶碗的创作中，所表现的正是精神性的有为，其"烧贯黑乐"在技法部分所呈现突破乐家传统表现的创新，令人刮目相看。

　　然而以精神性的无为审视时，会发现直入的创新突显了美的外露及张扬。 柳宗悦有句经典名言："正因为美蕴藏在深不见底的内里，所以才能从中汲取到无止尽的韵味。" 这正是直入如果还想寻求下一阶段的突破所需要直面的课题。

　　该茶碗融合了西洋油画及雕塑的表现手法，肌理略带粗糙感，并兼具抽象油画的质感。 雕塑手法突显了诸多棱角，让作品呈现出鲜明的个性。

1　濡，濡染之意。 洸，波光耀动之意。

山水为底蕴，结合了西洋的立体雕塑与油画油彩的堆叠，形塑了一个新时代的气象，日本陶艺界对他的评价甚高，认为他的创新突破了传统的桎梏，展现出前所未有的意象。

如果以我"不同维度的审美"的视角（见下图）审视，直入的作品落入精神性的有为（四维），作品中西合璧，其澎湃气势有着震慑人心的力度，令人爱不释手。但其美感仰仗的是自身对美的理解，主观意识凌驾于自然之美上，作为的美显得刻意了。美过分显露于外，就会削弱内蕴的光芒。在柳宗悦《茶与美》中"被层层包覆的美"，及我的《器与美》中"30%的显与70%的隐"等，均有相关的专章论述。

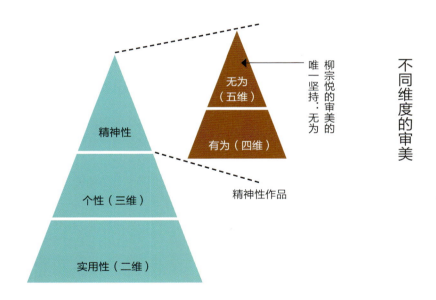

不完美之美
日本茶陶的审美变革

长次郎

跳跃前的深蹲

黑乐茶碗 铭「面影」

DATA

年代：16 世纪

尺寸：高 8.1cm　直径 9.9cm

收藏：乐美术馆

碗身微微向内收，内蕴着跳跃前的深蹲。

长次郎所诠释"面影"中静与动的关系，正如同太极的黑白转换"白之极至"乃"黑之初始"，黑白交替、生生不息。难能可贵的是，长次郎竟然能驾驭如何表现"动"之前的"静"的极致。眼见虽为"静"，但蕴含着蓄势待发的"动"。所有的动能，都浓缩集中于它显现出来的静态姿容，原来长次郎让面影酝酿多时，只待下一刻，虎跃龙腾。

日本人称的"紧张感"是指茶碗所凝聚的一股跳跃力，有着蓄势待发的张力，"面影"正是当中的翘楚。

DATA
年代：16 世纪
尺寸：高 8.6 cm　直径 10.8～11.2cm
收藏：颖川美术馆

赤乐茶碗 铭「无一物」

本来无一物，何处惹尘埃

长次郎

　　相对于前面两只黑乐茶碗的动静相依，"无一物"是长次郎企图呈现放下所有的寂静之作。源自六祖惠能著名的偈语"本来无一物，何处惹尘埃"，"无一物"也是长次郎最被后世称颂的赤乐茶碗之一。

　　把多余的一切以竹刀一刀一刀地削去，所有矫饰、烦恼、情绪都舍去，是长次郎借由茶碗的制作与自我内在进行的撞击；如何将意识下的美感也放下，是作为与无作为之间的对话，也是一件修行有成的作品。

不完美之美
日本茶陶的审美变革

长次郎

在静中，蕴含澎湃的动能

赤乐茶碗 铭「圣」

DATA

年代：桃山时代

尺寸：高 8.2 cm　直径 9.9cm

收藏：伊势松坂长谷川家

　　茶碗的腰身有长次郎惯常的内收弧度，一条贯穿碗身由生漆修缮过的裂纹，伴随着烧结时化为斑点的气泡，构成了一幅朦胧的景致。

　　业界普遍盛赞长次郎的"静"，我反而更聚焦于其他作品，包括"圣"茶碗所蓄积的"动"。绝对的"静"相对容易表现，因为"静"是一种内在安静从容的凝练。但"静"中内蕴澎湃的"动"能，在长次郎的赤乐作品中实属少见。对我而言，"圣"茶碗更像一位肩上扛着宝剑、个性磊落的绝顶高手，剑虽未出鞘却能感受其慑人的气势。

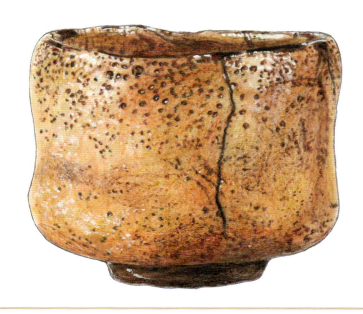

第 4 章
乐烧，称霸的背景及美学传承

DATA

年代：16 世纪

尺寸：高 9.2 cm　直径 9.8cm

长次郎／长二郎

赤乐茶碗

深秋枫叶乍红

　　从碗身收入底部的线条来看，像是"万代"及"面影"这般动静相依的紧张感消失了，取而代之的是一种"松"的气氛。从茶碗釉相的景致来看，正值深秋枫叶乍红，但微微袭来的凉意正被高挂的艳阳消融。

　　这只茶碗有着秋高气爽的诗意，虽说千山我独行不必相送，但并无萧瑟之感。我明显感受到创作者自带光芒，一扫变幻莫测的阴霾。

　　内箱盖里所记录的作者是长二郎，与最前面收录的三只长次郎茶碗相较，就直观所感知的个性而言，创作者并非同一人的可能性颇高。但如果是，则它呈现了长次郎作品群中难得一见的浪漫，但就像平时严肃拘谨的人，也可能迎来温柔深情的一天。

DATA

年代：16 世纪

尺寸：高 8.7 cm　直径 11.8cm

收藏：表千家不审庵

田中宗庆

大智若愚

黑乐茶碗　铭「天狗」

　　田中宗庆传世的作品很少，最可能的原因应该就是身为长次郎工坊的一员，作品仍以长次郎名义出品为主。丰臣秀吉所赐的金印，虽由田中宗庆启用，但并未大肆宣扬，足见其低调不张扬的性格。

　　矶野信威如此形容田中宗庆的作品：“庶民的、平易的、有一种让人能立刻亲近的美感。有着高尚的品格，但并非贵族或武士的格调，而是蕴含着富裕阶层的都市品味及美感意识。”

　　“天狗”单独来看是一件内敛大器的作品，给人感觉是憨厚、稳重及大智若愚的姿态。作者的话不多，却能让人感到安心与温暖。

DATA

年代：17 世纪初

尺寸：高 8.2 cm　直径 13.0cm

收藏：乐美术馆

二代 常庆

白釉井户形茶碗

沧桑却充满智慧的老者

　　根据乐美术馆自述，田中宗庆与二子常庆及宗味的作品，有时可能共享"宗庆印"，且在箱书上共享泛指常庆的"二代目吉左卫门作"的落款。所以在区分某些客观资料暧昧不清的作品时，会有相对保守的判定。归根结底，那是一个个人作者不彰显的年代，所以工作室会有一个集体风格的设定，以免差异过大不利辨识。

　　这只井户形茶碗是常庆突破传统乐烧的窠臼之作，把原本辘轳拉坯的井户茶碗的造型以手捏的切削来完成，并施以香炉灰颜色的白釉以区隔乐烧的传统黑、赤两色。它呈现了有别于传统井户软质白瓷的柔软及温暖，而在黑陶土上以白釉上妆，还突显了墨色的釉面裂纹，及映衬出熟悉的怀旧感，像极了一位沧桑却充满智慧的老者。

本阿弥光悦

白乐茶碗 铭「不二山」

天地苍茫、变幻莫测

DATA

分类：国宝

年代：17 世纪

尺寸：高 8.9cm　直径 11.6cm

收藏：服部美术馆

　　刀剑鉴定世家出身的光悦，也是乐家的姻亲，与常庆及其子三代道入过从甚密，并借由乐家的窑烧制茶碗。于是光悦的作品被归类于乐家系列，后人对其作品评价甚高。

　　"不二山"是乐烧中唯一被日本指定为国宝的作品，其名取自"富士山"的日文谐音。几个光影交错的角度，确实临摹了富士山的气势。山势险峻、白雪皑皑，黑、灰、白阶错落分明，映衬出天地间的苍茫与变幻莫测。"不二山"侧写的其实是人生的无常，被选为国宝当之无愧。

不完美之美
日本茶陶的审美变革

DATA

年代：17、18 世纪

尺寸：高 4.3cm　直径 16.5cm

收藏：表千家不审庵

五代　宗入

平静、闲适，不争、无求

赤乐平茶碗　铭「海原」

宗入乃本阿弥光悦的姐姐法秀的曾孙，也是以华丽装饰见长的巨匠，是初代尾形光琳及乾山的堂兄弟。宗入与四代一入的女儿结为连理后，以女婿的身份接任乐家衣钵。

这只平茶碗，平静、闲适，不争、无求。乐家对宗入作品的形容，是其以自己独特的视角捕捉长次郎的本质，并以独创的釉药及形制展现对长次郎的回归。

八代 得入

小鸟龟在泥中玩耍

龟之绘黑乐茶碗 铭「万代之友」

DATA

年代：18 世纪

尺寸：高 8.5 cm　直径 10.1cm

收藏：乐美术馆

　　得入是乐家历代最英年早逝的一位。细看作品，还是能窥见得入童心未泯的一面，漫画风格的抽象乌龟，碗形的俏皮可爱。作者青春洋溢的气息，毫无保留地注入了作品。

　　未经历沧海桑田的人生历练，得入 26 岁因病隐居，30 岁便撒手人间。茶人们在夏季的草庵茶室里等待秋叶的枫红，却未料侘寂的内化需要时间及修为的堆叠。这也是乐家一子独传的短板，毕竟每一代传人都会经历青涩到成熟的不同阶段，果熟的时间不足就不易回应世人的期许。

DATA

年代：19 世纪初

尺寸：高 9.1 cm　直径 9.6cm

收藏：乐美术馆

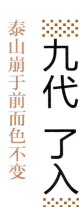

九代　了入

泰山崩于前而色不变

白乐筒茶碗

　　因兄得入早逝，了入 15 岁便继承了哥哥的衣钵，直至 79 岁往生。65 年的制陶生涯多姿多彩，在形制、技巧及内省思考上，替乐家奠定了往后发展的根基，被后人尊为乐家中兴之祖。

　　这只白乐茶碗，略带孤高又富含柔情，以削切手法形塑筒身，形制虽创新却表现得内敛不张扬，故成为后世争相仿效的标的物。了入的大器沉稳也表现于作品中，我曾上手一只了入的黑乐筒茶碗，手捏痕迹布满碗身，当捧起 360 度转时仍能感受了入创作当下悠然自若、波澜不惊的心境。

不完美之美
日本茶陶的审美变革

DATA

收藏：松平公益会

十三代 惺入

形制呆滞无神，灵气尽失

赤乐茶碗 铭「木守」（惺入补造）

"利休七种"茶碗之一的"木守"，依据《利休百会记》等文献，于 1586 年起两年间的茶宴中使用了 36 次，是利休使用率最高的茶碗之一。因于 1923 年关东大地震时摔碎，而由惺入进行修补重现。

补造的茶碗是由数块碎片的镶嵌，再经特殊手法成形。由于保存了部分破碎的原件于一身，尤具历史意义。只是与《大正名器鉴》所刊载原木守的相片相较只剩下形似，原茶碗所呈现的粗放肌理与厚实有力的线条，只能成为追忆。

老实说，是一件令人失望的作品。形制呆滞无神，灵气尽失，远不如后代临摹"木守"的作品来得更能贴近原味。

纵观惺入的其他茶碗，似乎特别注重色彩的外显表现，借由化妆土的色块布局与构图奠基自己的风格。细品乐家一代代的调整及变化，便得以知悉后代寻求区别的企图何在，甚至超越前代的手法为何。

DATA

尺寸：高 8.4 cm　直径 11.8cm

收藏：个人

十五代　直入

赤乐茶碗（高圆宫拜领印）

拥挤不堪，难以喘气

　　这只赤乐茶碗的画面略显拥挤，貌似直入欲借由作品表现多样意念的抒发。我在细看 Youtube 上关于这只茶碗 360 度旋转的视频后，终于理解了为什么直入对长次郎的"万代"会有这样的形容："是在极度压抑装饰与造型的变化下的一种安静的趣味。"

　　原来直入说的是自己！我看到直入因不希望受到压抑及束缚，而想要在茶碗上注入澎湃的情感，结果反而让茶碗的空间感蒙上一股窒息的紧迫氛围。

　　450 年的乐家历史，对直入而言是养分与荣耀，但同时也是枷锁。留学意大利的直入所身处的时代，深受西方美术及自由思维的影响，因此一直试图在乐烧的传统框架中寻找创作的突破口。在寻觅的过程中，也曾被东西方思潮的撞击压得喘不过气来，所以细品直入不同阶段的作品，可窥见其自传统至创新的轨迹。

　　终于，在其 40 岁前夕迎来了"烧贯黑乐"的华丽登场，此系列不但摆脱桎梏，也在传统的基础上为自己找到了乐烧的新定位。

由于《宗入文书》揭露了落款为长次郎的作品，其实都是工作室五人小组所完成的。矶野信威在《陶器全集·第六卷》中将传世的 40 个署名长次郎的茶碗[1]自惯用手法、造型、职人性格、手感力度、年代背景、箱书、文献、釉药等综合因素进行分析，推论当中实际由长次郎创作的未达半数。

虽然矶野信威的论述有理有据、掷地有声，但到底是否真为长次郎手作，作品本身并不会开口喊冤。我希望借由长次郎传世的几件知名的创作，透过他最为后人津津乐道的特色"静"，来检视及探索长次郎神秘面纱背后的传奇。

◇ 无为之美的当代意义

过于强调外显的美，就会忽略"真美乃无为"的铁则。柳宗悦为何坚持美的唯一标准是无为？就是因为他是世间少数参透这个铁律的美学大家。

传世的高丽茶碗都是早期茶人捡择的孤品，无一不是从成千上万的各类日用碗器中挑选的代表。这么低的良率关键因素有三：其一是作品是集体制作的低价日用品，创作过程没有个人审美意识的介入；其二是比例上的百万中选一，绝大多数的高丽饭碗，自始至

---

1 传世中落款为长次郎的茶碗超过 40 个，包括许多乃长次郎殁后由三千家的家元在箱书上花押落款，认定为长次郎所作的茶碗。矶野信威对于与长次郎生前并无交集的后代家元，其落款为长次郎作之箱书的正确性尤表怀疑。

终就只能是饭碗，而无缘跃升为茶碗； 其三是需通过具有鉴赏力茶人的茶人之眼对美的严格筛选，胜选率之低可以预见。 我所接触的两岸及日本陶艺家，就算是晋升至精神性的作者，其公开展出的茶碗也仅有不及十分之一的精彩率。 那是天时、地利、人和，在灵光乍现的瞬间才能产出的极少数精品。

曾与一位精神性的创作者深谈，作者表示拿捏在有为与无为间的平衡是一项艰难的挑战。 太过无为就器不成形，太过有为则过于做作。 所以在有为与无为间取得平衡的创作都是难得的天赐。 另一位日本陶艺家在深圳的个展中最令我难忘的作品"碗付花器"，是花瓶在茶碗中叠烧时不慎倾倒，瓶身沾黏在碗口的意外结果，那自然的柴烧落灰，无法复制的倾斜姿态，让随意插上的一枝野花都显得无比生机盎然。 陶艺家表示，窑烧过程会发生很多意外，但最终结果符合他美感标准的，才会入选为个展的代表作。 此时窑神才是创作者，陶艺家则依"茶人之眼"选取美的标的，也是另类无为的创作历程。

传递涩味的精髓所在

早期的高丽茶碗是从无为的量产品中，经由茶人之眼收敛与拣选而成的；当代的个人创作则是从有为的美的意识出发，唯有透过自我的提升，以晋级至接近无为的境界。 换句话说，第一期的高丽茶碗出身于一切不刻意的无为环境，是由茶人之眼在不刻意的作品中挑选与涩味相应的作品，制作者虽是陶工，但意境上的发现者及诠释者则是茶人。 当下的个人创作则均来自一切皆有为的环境，必须靠作者的自觉与精进，才有机会凝练出接近，甚至臻至无为的精神性作品。

早期的高丽茶碗是历经好几代茶人的认可，而逐渐成为传世之作。 但今日的茶人所选取的作品，却可能不再纯粹。 部分沦为市场、创作者及茶人三方的利益交集，或者利用拍卖市场共同制造了一个高价等于好作品的印象。

当代作品皆是个人意识下的创作，它缺乏了无为土壤的滋养，只能靠自身修持的提升再造自我的突破。 成佛者也是人，是人历经破魔的内在考验后回归本源佛光的自性。 对创作者而言，无为并非遥不可及的境遇，但有赖不间断的修持。

直入如果能理解长次郎的"静"，以及柳宗悦的"无为"，他就可能将现下烧贯黑乐中七成的外显及三成的内蕴之美，调整为三成的外显与七成的内蕴之美，当器物之美自外而内化，蕴藏的韵味就更深邃，这也是日本美学"涩味"的精髓所在。 如此一来，历史的评价将有机会让直入与长次郎并驾齐驱，或甚至超越长次郎成为乐家 450 年来之最。

◇ 抽丝剥茧长次郎的美学

世人都称千利休指导了长次郎烧制茶碗，将尺寸、手感、美感等细节巨细靡遗地勾勒出来，给予长次郎许多规范与限制。 鲁山人则对此提出了完全不同的观点，他首先从千利休的书法与削切竹茶勺和竹筒的手法，看出他的个性非常刚强倔强，且霸气十足。

长次郎的沉稳恬静注入了作品，这是他个人的美学素养。千利休的刚毅苍劲不仅与长次郎大异其趣，那不属于千利休的悠然自在的丰盈，更不可能像传递圣火般地递交给长次郎。由此可知，利休仅能定义出大小规格的期望值，但是利休能从砖瓦的成品断言长次郎的美感及可塑性，这便是茶人之眼的独到之处。

幽玄之美的难以传递，如同禅的不立文字、教外别传。禅家留下这么多公案点拨开悟的瞬间，结果只是让人更雾里看花。开悟并非单纯知识上的辩证理解，而必然伴随觉知力的律动。因觉知力的维度经纬跨度太大，开悟者连找个人分享开悟的心得细节都极为困难，更何况写下公案来引导后人开悟。修行过程若没有高人秘传，公案就只能成为茶余饭后的闲谈。

一位成熟作者的风格会明显烙印在作品中，长次郎的"静"由心生，四百多年来仍被后人称颂。鲁山人早期的作品都是请人拉坯，自己只负责彩绘与上釉，但越来越觉得坯体若出自于他人之手，则无法贯彻自己预期的美感。最后鲁山人一切不假手他人，从拉坯到上釉及烧窑都亲力亲为，终成一代巨匠。

如果仔细检视长次郎的作品，"静"的确是传世作品中不二的特质。"万代"的似显又隐、"面影"的以静制动、"无一物"的无限静寂、"勾当"的霸气从容，每一件作品都宛若巍峨泰山，令观赏者骤生孺慕之情。然而却也发觉少数归于长次郎作品的例如

赤乐茶碗 铭「三轮」

杂乱无章

长次郎／长二郎

DATA

年代：16 世纪

尺寸：高 9.0cm　直径 9.5cm

收藏：鸿池家

　　"三轮"是唯一一只长次郎作品在我眼中，既未感受"静"也缺乏"动"的作品。让我们仔细凝视作品，是否感受到心乱如麻，久久不能平息？心杂而不"静"，气散而未"动"，是我对作品的直观。

　　在内箱盖里由表千家第七代传人如心斋宗左，所题签的作者为"长二郎"。但"长二郎"在乐家官方系统的说明中，都等同于"长次郎"。单就作品的直观下可以推知，长二郎的"三轮"丢失了长次郎被世人称颂的"静"，与前面所揭露的三只长次郎茶碗比对，并非同一人的作品。

"三轮"，端详后感觉触目惊心、慌乱无神。从觉知审美的角度解读，该茶碗可能并非长次郎所亲为，而像是五代宗入所指的工作室其他工匠的作品。

　　许多历史名品出处考据不易，往往仅能凭借残缺史料或后人记录，错误在所难免。从勇于怀疑到培养出自己的直观鉴别力，更多是基于对美的觉察而归结出的感知能力，我称之为"觉知审美"。是以本书想要借由日本陶瓷审美变革的各种历史机遇，从不同视角来学习这个关键时刻下，日本是如何形成新的审美观。

第 5 章

萩烧，
向高丽茶碗致敬的魅力

萩烧极佳的吸水性大大地丰富了器物的表情，并让釉面裂纹有了深浅交织的呈色，并随着使用时间的延续，增添了一件件独特的侘寂衣裳。

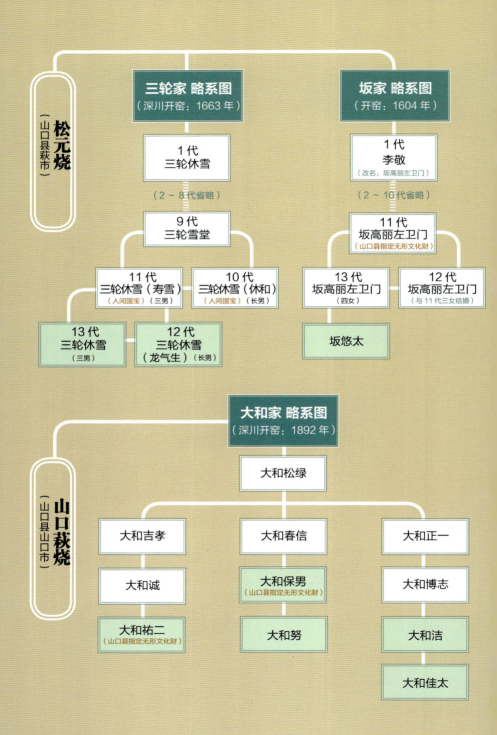

松元烧
（山口县萩市）

三轮家 略系图
（深川开窑：1663 年）

1 代
三轮休雪

（2 ～ 8 代省略）

9 代
三轮雪堂

11 代
三轮休雪（寿雪）
（人间国宝）（三男）

10 代
三轮休雪（休和）
（人间国宝）（长男）

13 代
三轮休雪
（三男）

12 代
三轮休雪
（龙气生）（长男）

坂家 略系图
（开窑：1604 年）

1 代
李敬
（改名：坂高丽左卫门）

（2 ～ 10 代省略）

11 代
坂高丽左卫门
（山口县指定无形文化财）

13 代
坂高丽左卫门
（四女）

12 代
坂高丽左卫门
（与 11 代三女结婚）

坂悠太

山口萩烧
（山口县山口市）

大和家 略系图
（深川开窑：1892 年）

大和松绿

大和吉孝

大和春信

大和正一

大和诚

大和保男
（山口县指定无形文化财）

大和博志

大和祐二
（山口县指定无形文化财）

大和努

大和洁

大和佳太

深川烧
（山口县长门市）

新庄家 略系图
（深川开窑：1657 年）

松元之介左卫门
（李勺光弟子）

1 代
赤川助右卫门

（2～10 代省略，
11 代时改姓）

11 代
新庄织江

12 代
新庄贞之

13 代
新庄寒山

14 代
新庄贞嗣
（山口县指定无形文化财）

15 代
新庄绍弘

田原家 略系图
（深川开窑：1657 年）

松本之介左卫门
（李勺光弟子）

1 代
赤川助左卫门

（2～11 代省略，
9 代时改姓）

12 代
田原陶兵卫
（山口县指定无形文化财）

13 代
田原陶兵卫

田原崇雄

坂仓家 略系图
（深川开窑：1657 年）

1 代
李勺光

2 代
山村新兵卫光政
（作之允）

3 代
山村平四郎光俊

4 代
山村弥兵卫光信

5 代
山村源次郎光长

6 代
坂仓藤左卫门
（由坂仓家继承）

（7～11 代省略）

12 代
坂仓新兵卫

14 代
坂仓新兵卫（三男）
（山口县指定无形文化财）

13 代
坂仓新兵卫（长男）

15 代
坂仓新兵卫
（山口县指定无形文化财）

坂仓正纮

备注：□ 为仍健在的作者

依前山口县立美术馆馆长河野良辅的考据，在丰臣秀吉发动"陶瓷战争"的前夕，曾命令出征朝鲜的大名毛利辉元要带回"有能力的朝鲜陶工"。 最初带回的大批陶工被安置于广岛，而后移居萩城，传承着历代高丽陶瓷细工秘技的陶工李勺光、李敬兄弟成为以萩城命名的"萩烧"的始祖。

自 1604 年毛利辉元转移封地至萩城开始，直至 1868 年的明治维新后废藩置县为止，萩烧一直以来受到藩主财政支持的御用窑模式，随着明治维新画上句点，并迎来了严重的衰亡危机。 资本主义的导入使得西方工业化的机械生产蔚为潮流，萩烧在手工业的坚持下面临存续的挑战。 所幸十二代坂仓新兵卫（1881—1960 年）利用明治中期的反欧洲工业经济化的氛围，捕捉到社会对复兴传统文化的殷切期盼，积极争取茶道家元们的支持，并临摹萩烧家族传世名碗，以作品展览会的形式大肆宣传。

十二代坂仓新兵卫超越了模仿的刻板印象，结合利休的"草庵茶"理念，及高丽茶碗的美学，更进一步连结了现代萩烧的新生命力。 他成功打造了"茶陶萩"的意象美，让萩烧的传统手工业以"工艺"之姿重新被认识，并带动了整体萩烧的再生，被誉为"萩烧中兴之祖"。

在困窘的存亡之际，当代的萩烧作家也纷纷以自身的实力力挽萩烧的狂澜。 1957 年 11 代坂高丽左卫门及 10 代三轮休雪获得了无形文化财的认定，让萩烧一时之间备受瞩目。 1970 年 10 代三轮休雪成为首位获颁人间国宝殊荣的萩烧陶艺家，更进一步宣告了萩烧在日本陶艺界不可动摇的地位。

◇ 萩烧传承至今的主要系统

自李勺光、李敬在萩城开窑以来，技艺代代相传，兄弟各自开枝散叶，也逐渐形成了不同的子系谱。 以下是以山口县长门市（深川烧）、山口县萩市（松本烧）及山口县山口市（山口萩烧）三地为根据的几个主要系谱的介绍：

一、深川烧（山口县长门市）

1. 坂仓家 （开窑：1657 年）

李勺光之子山村新兵卫光政，受到毛利辉元的嫡子初代藩主毛利秀就赐名作之允。 荣景一直持续到五代山村源次郎光长，但其养子源右卫门因遭受刀伤而让开山祖师李勺光自家的血脉自此断绝。所幸最后由山村家族的工艺师，坂仓家继承了祖业传承至今。

2. 田原家（开窑：1657 年）

由李勺光的弟子松本之介左卫门的儿子赤川助左卫门所建，到了第九代改姓为田原传承至今。

3. 新庄家（开窑：1657 年）

由李勺光的弟子松本之介左卫门的儿子赤川助右卫门所建，到了第十一代改姓新庄传承至今。

二、松本烧（山口县萩市）

1. 坂家（开窑：1604 年）

坂家为李敬的系谱，李敬被赐名为坂高丽左卫门，一直传承至今。

2. 三轮家（开窑：1663 年）

三轮窑的初代窑主三轮休雪，是二代藩主毛利纲广御用的工艺师，年届 70 时衔藩令向乐家五代宗入学习乐烧技巧。 到了四代三轮休雪时，又再次向乐家七代长入取经乐烧技法。 三轮家不但要守护朝鲜陶技的命脉，还得满足毛利家对乐烧茶碗的需求。 三轮家人才辈出，十代与十一代三轮休雪均获颁人间国宝的殊荣，而十代及十一代三轮休雪在传统白萩釉中，融合了含铁量高的黑化妆土及黏性高的藁灰釉，自创了"休雪白"闻名陶艺界。

三、山口萩烧（山口县山口市）

大和家（开窑：1892 年）

明治时代开窑的大和松绿所育成的大和家系，至今培育出了两位仍然活跃于市场，荣获山口县指定无形文化财的大和保男及大和祐二。 大和保男洗练的色彩感与设计感，大和祐二则结合釉相的装饰及素材的柔韧质感，成就了独特的陶瓷词汇。

◇ 透视萩烧的七种面貌

萩烧的主要特色被形容为：因釉面裂纹而生的"萩的七种面貌"，在此"七"并非列举七种特征，而是多的代表词。

萩烧所用的土质松弛，窑烧时并非坚实地烧结，而是松软地烧成，造就了高吸水性。萩烧极佳的吸水性大大地丰富了器物的表情，让茶沁染在使用后恣意地形成。再加上土胎与釉药收缩率的不同，高温下釉面与土坯在拉扯后呈现出细致的釉面裂纹。器物因为茶渍的沁润，让裂纹有了深浅交织的呈色，并随着使用时间的延续而增添了一件件独特的侘寂衣裳。

萩烧与高丽茶碗有着极为相似的特性，因为就算在日本就地取材的土胎与釉药有别于高丽地区，陶技却是一脉相承的。始于十七世纪初期在日本本土烧制的古萩，与在朝鲜当地的日本人所兴建的倭馆窑中产制的高丽茶碗第三期，因两者启动的时间大致重叠，且技术同源而容易令人觉得风格近似。

萩烧与高丽茶碗最大的不同，是高丽茶碗第一期原本并非作为茶道具而生产，是透过茶人之眼的捡择而万中挑一的绝美品。这意味着没被挑选为茶碗的成千上万的高丽碗，绝大多数仍然是置身于厨房的日用杂器，在磕碰后丢到垃圾桶中便让人置若罔闻了。系出同门却命运迥异的，是井户茶碗中的"筒井筒"，它在碎裂锔补后反而成为大名物中的大名物。

手工量产下的集体美感

有别于乐烧及唐津烧，萩烧在开窑之初就是藩主的御用窑，生产包括茶道具及其他碗、皿、盘、钵、瓶等日用品。 所制作的茶道具除了常见于藩内例行的茶会，也持续提供给朝廷使用。 萩烧的诞生既始于陶瓷战争时的陶工迁移，也是丰臣秀吉针对茶道具国产化的一步棋，更有千利休培养的能参与茶道具规格制定的大批茶人弟子。 于是利休之后的茶人在汲取原本高丽茶碗中，那诸多浑然天成的形制与釉相的特色后，让萩烧的陶工凸显这些经过归纳分析后的特征。

将高丽茶碗第一期与萩烧茶碗进行对比，前者是目不识丁的陶工粗放地大批制作的饭碗，最后经茶人之眼以量取质而成为茶碗；后者是由茶人参与茶碗的制作，将原来高丽茶碗的精选特色移植到萩烧的成果。

柳宗悦在《茶与美》曾比较井户与乐烧茶碗，并严厉批判了乐烧的做作，是刻意地将人为的美装饰于乐烧之上，而这类虚假的装饰在茶人之眼下丑态毕露，有违禅宗的"无事之美"。 柳宗悦美学的立基点是禅宗的"无事"，在这般严苛的标准下乐烧无所遁形。

乐烧在诞生之初便标榜着作者的独立工序，而自长次郎殁后启用的"乐"字陶印，更意味着作品成了个人主观美的表演舞台；相较之下初期萩烧的运作，则是来自朝鲜的陶工衔藩主之命领队进行，是手工量产的团队制程。

由一群不识字的陶工日产百千个饭茶碗[1]，除了由茶人之眼精挑的一两只作为茶碗外，其余仍是作为饭碗之用。这样的常态时至今日，却仅能成为追忆。当今的手工陶瓷，绝大多数是个人工作室的落款作品。我曾拜访的出云市"出西窑"这样由 20 位左右的职人组成，所有作品均不落款的民艺窑，市场上还真是凤毛麟角。

千利休（1522—1591 年）的爱徒古田织部（1544—1615 年），最终更广为世人所知的不是他战国大名的身份，而是他以茶人之姿所创作的织部釉。千利休殁后主导"草庵茶"新走向的正是古田织部，这使得萩烧在初期不免受到了古田的影响。织部烧作品釉面数色并用，组成图案豪迈奔放，映射出自由不羁的豁达个性，看似鲜明的动态下蕴涵着内敛的气质。

但是看到近年陶艺家的织部釉作品，绿、黄、黑、白交错缠绕，形制扭曲作态，如此浓妆艳抹的张扬，如同陶瓷版的野兽派一般令人怵目惊心。古织部釉虽然用色大胆，却在个性中收放自如；有的虽然造型夸张（例如沓形，指鞋形），却在外放中带有内敛的气质。

---

1 饭茶碗：原指高丽的农民在饭后将粗茶注入粗糙的饭碗中，和入余留在碗里的饭渣饮用，是一种古早的饮食习惯。极少数的农民碗被日本茶人相中，成为传世的珍稀茶碗。

萩烧的茶沁染所指的就是茶碗在使用时茶渍沁入釉面裂纹的缝隙，而产生岁月的风情。 图为当代作者、山口县指定无形文化财保持者波多野善藏的萩茶碗，使用前与使用后一个月的样貌。 一经使用，茶沁染即赋予茶碗沧桑的韵味，让爱用者不忍释手。

　　当一只全新的茶碗，借由自己的双手赋予其风霜的面容，便如同呵护家中孩子的蜕变成长般，让茶器滋养成为生活的日常。

不完美之美
日本茶陶的审美变革

DATA

尺寸：高 8.3 cm　直径 12.5cm

收藏：个人

茶沁染

沧桑怀旧，回味无穷

波多野善藏　萩茶碗

◇ 高丽茶碗、古萩与萩烧的比较

高丽茶碗的第一、二期指的是朝鲜制，本来作为日用杂器但被日本茶人作为茶道具使用的茶碗，第三期则是日本茶人下单在朝鲜烧制的茶器。 古萩指的是江户时期（1603—1868年）在日本烧制的萩烧，与高丽茶碗第三期约莫同时开始。 萩烧则泛指明治时代（1868—1912年）起至今所烧制的器皿。

如果说依"觉知审美"的经验，实物上手能够感受到器物百分之百的振频与情感，隔着博物馆的玻璃柜能感受八成五，那高清照片则能感受七成左右的美的能量。 我在横滨美术馆亲眼验证的三件高丽茶碗，小井户、柿蒂、刷毛目皆为高丽茶碗一、二期的创作。

我反复将日本坊间各主要书籍、杂志与网络上所搜罗整理的高丽茶碗照片，对照亲临博物馆的感动，归结出上述所收受到七成及八成五的美。 当中最引人入胜，让人借由照片便能心所向往的茶碗，还是高丽茶碗的比例最高。

为什么高丽茶碗的比例最高？古今如此多的茶人都推崇高丽茶碗，却只有柳宗悦一语道破关键点：因为无我。 透过作品，柳宗悦感受到了李朝时期的工匠所具有的一颗单纯的心。 他们不为名不为利，且因为谦卑而能收受大自然给予的创作灵感。

但是这样的无我之作，难道只有古人能做到？我曾无意间走访了重庆山区的一个不知名的窑口，发现了好几件令人赞叹的作品被堆放在窑边，一问之下价格奇低。 交通及资讯发达的今日必然不缺美的作品，只是缺少发现美的眼睛。

DATA

年代：江户前期（17世纪）

尺寸：高8.3cm 直径14cm

收藏：坂高丽左卫门

最引人注目的焦点在于碗身腰际那一道一气呵成的雕痕，搭配凹陷与形变的形制，气势不凡地将茶碗的大器及豪迈道尽。 碗身上钴蓝的浅色斑点错落于白色的釉面裂纹间，成了赏心悦目的点缀。"李华"像极了道家仙人手中的托钵，满载着出淤泥而不染的气质，让观赏者也感染了桃花源般的缥缈氤氲。

李华，传为初代坂高丽左卫门所作，虽未经证实，但实为坂高丽左卫门家族所珍藏。 每每瞥见其收录于不同杂志或书籍时，总是感受到它的气宇不凡。

仙人手中的托钵

古萩 粉引茶碗 铭「李华」

DATA

年代：李朝（16世纪）

尺寸：高 10.7 cm　直径 16.5～22cm

收藏：熊谷美术馆

　　"俵"是古时装米的圆筒状草织袋，割俵钵则仿效"俵"剖为半后的样貌做成了钵的形制。钵上以三岛历为底纹，中央则以大胆的镶嵌花纹为主体。青灰色的釉面加上黑色铁斑，将整体氛围凝塑得十分沉稳。作品整体有着鼎一般的气势，像是高僧手中的一件法器般地有着震慑人心的力量。

　　割俵钵呈现出内敛、厚实，及色调偏暗的氛围。以三岛历为底纹的暗花，如同法器上的经文有着震慑之力。让我联想到法海收服白蛇的降妖钵，能散发出让妖魔现身的金光。

DATA

年代：江户前期（17世纪）

尺寸：高 7.8 cm　直径 12.4cm

收藏：藤田美术馆

威武大胡子张飞

古萩　笔洗茶碗

　　厚实的口缘伴随釉面裂纹的纹理，粗犷的砂粒与孔隙堆砌出笔洗的造型，枇杷色的枯寂感捎来大地的萧瑟，据说此乃千利休之孙千宗旦的爱藏，是古萩中的霸气之作，能带给观赏者些许的压迫感。

　　茶碗碗身的粗犷感让我联想到大胡子张飞，据说当年张飞在长坂坡当阳桥头上的一声吼，吓退曹操五千精骑。就是这样的一夫当关万夫莫敌的气势，让这只茶碗成为传世之作。

DATA

年代：江户前期（17 世纪）

尺寸：高 9.0 cm　直径 14.7cm

古萩　十文字割高台茶碗

想象是《道德经》老子手中的饭碗，布满岁月与智慧

十文字的割高台茶碗，源自高丽茶碗的独特形制，其原型则是中国商代作为酒杯的青铜礼器"爵"。割高台茶碗本于李朝时期为祭祀的器皿，后被日本茶人挪作茶碗使用。

这只茶碗有着一种幽微的美，以及无作为的不刻意，不论是形变的流畅度，或者是挂釉的随意度。古萩时期仍是一个不落款的年代，没有为了成名的刻意表现，只有纯熟的技巧与专业的职人坚持。这样的幽微让胸口能感受到一股外扩的气韵，绵长而幽远，若能捧在手上玩味再三，该是一件难得的幸事。

《道德经》说："故常无欲，以观其妙。"在无所求中感受到这只茶碗的奥秘，呼应了老子智慧的妙语。

DATA

年代：江户前期（17 世纪）

尺寸：高 9.3 cm　直径 10.3cm

收藏：长门 · 田原陶兵卫

古萩 立鹤茶碗

仙鹤立于苍茫大地照拂万物

　　赤色与黑色参杂的土味基调中，随性地挂上有"梅花皮"之称的半透明的白色缩釉，镶嵌的立鹤颇为灵动，有着立于苍茫大地照拂万物的态势，让立鹤俨然成为整件作品画龙点睛的焦点。口缘的切削让形制更显粗放，蕴涵静而生动的张力企图。

　　茶碗的圆筒状乃高丽茶碗中的"御所丸"造型，名称是来自 16 世纪时由"御所丸号"船将许多该造型的茶碗载回日本。 而主画面的立鹤属于另一个高丽立鹤茶碗的系统。 从彼时至今日的萩烧，将两个或三个传统系统的特色融合为一地创作出来，已成为不退流行的趋势。

DATA

年代：江户前期（17 世纪）

尺寸：高 9.8 cm　直径 12.3 cm

收藏：福冈　·大隈正幸

风云变色，人生本来变化无常

古萩 笔洗茶碗 铭「立田川」

　　造型滥觞于祭祀器皿，后转为高丽茶碗之一的"吴器"形制，传统吴器碗身较为浑圆，该茶碗做了些许瘦高的修饰。依粉引的工法刷上了一层白色化妆土后，又挂上少许白色半透明的稻草壳灰釉。表面因沁染而呈现变化无常的"雨漏"景致，黑、灰、白融合交错，恰似远眺长空时山雨欲来风满楼之姿。大地的苍茫与云雾的不定，正是茶碗所要表达的包容及不挠。

　　不禁感慨人生本来就变化无常。把握当下的乐，珍惜美好的瞬间；感谢当下的苦，因为一切的逆境都将成为明日的养分。

古萩　粉引茶碗　铭「樵夫」

渔樵耕读，农耕社会的庶民日常

DATA

年代：江户前期（17 世纪）

尺寸：高 7.6 cm　直径 14.9cm

"樵夫"，取自肌理中苍天巨木的纹理质感。粗糙的土坯刷上白色化妆土，烧结后呈现出上中下三个分明的层次。口缘端略为外翻，也是造型的特色之一。茶碗散发出一种低沉的共鸣能量，让观赏者能感受到温暖与平和。若有幸捧起茶碗，无疑是如同穿越至古代，以单纯的本心置身于参天巨木间，直接品味早期茶人与创作者心心相印的无上底蕴。

这只茶碗让人联想到渔樵耕读，那属于农耕社会的庶民日常。布满粗茧的掌心，温暖有力地支撑着社会基础的需求。我愿握起"樵夫"的一双满是风霜的手，感谢他所有的付出。

不完美之美
日本茶陶的审美变革

不同维度的审美，有为与无为间的平衡

高丽茶碗第三期与古萩皆为具备美学意识的茶人或陶工指导下的创作，虽也有不少精彩的作品，但在赏析时有一点可以留意，那就是曲线是否过分歪斜？举例第二期与第三期的高丽茶碗各一只来做比较：二期的柿蒂茶碗"毘沙门堂"（见第42页）及与之釉色感近似的三期的伊罗保茶碗"末广"。"毘沙门堂"属于高丽茶碗中的名碗，其朽叶色调有一种大地枯寂的深邃感，口缘虽略微形变，但属于辘轳不平整、拉坯无法完美的表征。反观"末广"，虽然层次分明、肌理的涩味天成，但刻意的歪斜让人觉得过于做作。这正是因为朝鲜制的三期茶碗，在接受了日本茶人的形变要求后，所产生过度扭捏的结果。形变与扭曲为存乎陶工一心的一线之隔，稍一不慎便可能让美感有天壤之别。

柳宗悦在《茶与美》中对此有精辟的见解，为变形而变形，为瑕疵而瑕疵，始终是人为地在制造做作的美，略为恍神就拿捏失准而丑态毕露。只需稍加留心，在第三期高丽茶碗或当代创作中，就不难发现这样的范例。

当代作者的萩烧作品又如何？这便完全落入作者个人涵养的议题了，也是我不断在《器与美》中强调的，在"不同维度的审美"下若陶艺家愿意自我提升修为，就容易把握形变的度。若得以取得有为与无为间的平衡，所创作出的作品就会呈现"毘沙门堂"的自然，而非"末广"的歪曲。2004年萩陶艺家协会企划了一本作家名

鉴《萩的陶艺家们》，介绍了以萩市为核心的 108 位作者，可谓百家争鸣。 每一位作者都有其特长，对于传统与革新也存在一份使命感，但对美的诠释则有赖自己不断地精益求精。

钉彫伊罗保茶碗 铭「末广」

刻意扭曲，极不自然

DATA

年代：李朝（17 世纪）
尺寸：高 7.8 cm 直径 16cm
收藏：静嘉堂文库美术馆

不完美之美
日本茶陶的审美变革

　　"伊罗保"的命名来自对扎手及凹凸不平表面的形容的日文借用字，后来成为高丽茶碗的一个类属。褐色的土坯肌理与青灰色的釉面交错，形成了迷人的景致。只是这只茶碗的形变过于刻意，给予观赏者一种令人格外别扭的不自然感受。

　　未来有机会捧起一只形变的茶碗时，一边 360 度转动一边端详，感受一下茶碗的气韵。 自然的形变会带来愉悦，刻意做作的变形只会令人厌烦。

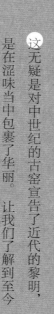

第 6 章

唐津烧，陶瓷器的文艺复兴

这无疑是对中世纪的古窑宣告了近代的黎明，是在涩味当中包裹了华丽。让我们了解到至今仍有一种品味悠远的陶瓷，叫做唐津烧。

唐津烧独特的自由洒脱及浑然天成，被日本茶界誉为"陶瓷器的文艺复兴"。 然而它命运多舛，曾经举国追捧，却在一度过于泛滥后，市场又遭瓷器侵吞而销声匿迹。

唐津烧的发展轨迹与地理位置息息相关，简介如下：

1. 岸岳地区：1580 年代后半 ~1590 年代

2. 伊万里地区：1590 年代后半 ~1610 年代

3. 有田地区：1610 年代 ~1630 年代 [1]

4. 武雄地区：1590 年代 ~ 江户时代（1603—1868 年）前期，之后转向釉色更丰富的二彩唐津与三彩唐津。

唐津的"唐"日文发音 Kara 与"韩"相同，依据史料在 1368 年前还被称作"韩津"。 因岸岳地区所烧造的陶器，均由隔海便是韩国釜山的唐津港出海，唐津烧因此得名。

◇ 唐津烧发展的滥觞及起伏

有别于萩烧始于陶瓷战争（1592—1598 年）后，朝鲜的陶工随军抵日起才开展，日本陶瓷学者根据出土文物，证实了唐津烧在最早发达的岸岳古窑区，于 1550 年之前便已开窑，且 1580 年代后半到 1590 年代为岸岳地区发展的最盛期。 从窑址遗迹及残片推断，

1　从 1580 年代后半至 1630 年代的唐津烧被称为"古唐津"，而江户中、后期（1631 年起）开始至今的作品均被归类为一般的"唐津烧"。坊间对这短短 40 年左右的"古唐津"定义，有别于跨度 200 多年的"古萩"。 江户时期（1603—1868 年）制作的萩烧，被称为"古萩"。

韩国

釜山

山口

福冈

大分

长崎

熊本

九州

宫崎

鹿儿岛

对马海峡

佐贺

加部岛

呼子町

神集岛

镇西町

唐津湾

JR 筑肥线

福冈县

玄海町

高岛

肥前町

唐津城

虹之松原

唐津市

镜山

镜山

滨玉町

北波多村

松浦川

福岛町

岸岳地区
1580 年代后半～90 年代

岸岳

JR 唐津线

严木町

伊万里湾

相知町

严木多久道路

伊万里市

JR 筑肥线

佐贺县

多久市

伊万里地区
1590 年代后半～1610 年代

武雄地区
1590 年代～

世知原町

北方町

国见道路

有田川

松浦川

山内町

武雄市

西有田町

有田町

佐世保市

白石町

JR 长崎本线

有田地区
1610 年代后半～30 年代

嬉野山四麓乐木

有明町

长崎县

西九州岛自动车道
（武雄佐世保道路）

盐田町

波佐见町

盐田川

鹿岛市

川棚町

嬉野町

JR 大村线

东彼杵町

大村湾

不论是筑窑的连房式登窑或叠烧的技法，都是当时朝鲜擅长的并与传统日本穴窑及单件烧制相异。但泥条堆叠及拍打成形的薄胎技法，却是来自中国南方福建、广东一带，所以唐津烧也被称作是日本陶瓷与中国、朝鲜技法的邂逅。

丰臣秀吉于 1592 年发动第一次陶瓷战争，时任岸岳城主的波多亲率兵亲征，但由于出师不利，部众苦战后半数伤亡，于 1594 年返日途中被丰臣秀吉没收领地。消息传回岸岳后人心惶惶，陶工们自岸岳城四处逃逸。

陶瓷战争后各城的诸大名争相带回朝鲜陶工，陶工得到相对优渥的待遇及保护，同时也吸引了许多没有户籍的浪人武士的投入。1590 年代后半，唐津烧的发展自岸岳移转至伊万里地区，并迎来了唐津烧发展的高峰。此时唐津烧不论质与量都得到了大幅提升，风格也趋向多样化，包括奥高丽、绘唐津、皮鲸、朝鲜唐津、斑唐津、黑唐津等，每一种别致的命名背后都有令人津津乐道的技法与特征。唐津烧在当时由于釉色变化丰富，又能因应各式茶器、食器、酒器的市场需求，让许多资本争相投入。在量产的推波助澜下，于短时间内便流通于全日本。

拥有洗练魅力的唐津烧，从发光到陨落

可惜好景不长，不多久便几乎迎来了灭顶之灾。由于中国进口的青花瓷的高级食器，受到上层阶级的追捧，而与伊万里相邻的有田地区开始生产硬质的白瓷土，并成功烧制了初期素雅的伊万里瓷

器。 在日本国产瓷器诞生后，市场重新将瓷器（伊万里烧）[1] 定义为高级品，而把陶器（唐津烧）归类于低阶杂器，致使高阶的陶器茶道具及碗、皿、瓮类的订单流失，整体唐津烧的订单逐年减少。

再加上进入了江户时期后窑场林立，烧窑所需木材的滥伐导致山野乱象丛生，各类问题层出不穷，藩主终于出手整治并勒令统合藩内窑厂。 除了朝鲜陶工从优安置外，日本陶工共 824 人遭到放逐。

在淘汰了伊万里及有田地区部分不合格的窑厂后，窑业自此集中于有田地区。 而在陶器与瓷器的此消彼长下，有田地区的出土残件，甚至显示陶工将同窑烧造的瓷器与陶器交错叠烧的情形。

但最终唐津烧仍不敌市场的消费取向，于 1630 年代末被伊万里及有田地区的瓷器近乎全面取代，以至于一般的当代消费者以为伊万里烧及有田烧[2] 是瓷器的代名词。

与有田相邻的武雄地区原盛产绘唐津，在桃山时代为量产的主力。 北大路鲁山人曾如此盛赞："无造作的粗野秃笔下那笨拙的手绘，却有着通达古今的名画品味，甚至拥有连画师芜村都远远未及的雄劲笔力。"

但在国产瓷器问世后唐津烧逐渐乏人问津，烧制的方向在江户

1　伊万里烧：是日本以有田为中心的肥前国所生产的瓷器总称，因自有田北边的伊万里港输出的瓷器在国际大放异彩，而称之为伊万里烧。

2　有田烧：地理位置上有田位于伊万里的南方，早期由于陶瓷器均由伊万里港出口，所以都被称为伊万里烧。明治时期（1868—1912 年）以后开始以产地命名，有田地区所产制的称为有田烧。

前期后转向色彩相对丰富的二彩唐津及三彩唐津续航。

唐津烧自开始发光到陨落，竟只经历了三四十年。这三四十年间所创作的唐津烧，被世人称为"古唐津"，也让古董藏家最为爱不释手。柳宗悦这样形容古唐津："对茶器里唐津等的尊崇，是被纹样里的简素所吸引，和读到了素色之心所致。"

茶陶故事 ❹

从嫌恶唐津烧到唐津烧最大的藏家，出光佐三

"丸十文茶碗"似乎有着一股召唤并净化观赏者心神的能量，进入茶碗所包容的世界后，有一种得到救赎的感受。无怪乎日本实业家出光佐三对唐津烧自厌恶到爱不释手，全拜了该茶碗之赐。

绘唐津丸十文茶碗

空生万有，无涵盖一切的有

DATA

年代：桃山时代（16 世纪）
尺寸：高 9.0 cm　直径 15.0cm
收藏：出光美术馆

不完美之美
日本茶陶的审美变革

这只丸十文茶碗，受到许多后世陶艺家的追捧与仿效。但这看似简单而随意的圈叉随笔，却随着釉面脱落裸露土胎，釉面裂纹的沁色及金继修复，形成了一幅不可复制的岁月映像。后世的仿品，甚至出自名家之手，怎么看都只及正品神韵的十之二三。

　　出光佐三原本对唐津烧茶碗的印象是扭捏作态、刻意造作，所以很是嫌恶。有一回到一家古董店时瞥见这只丸十文茶碗，听老板说这是唐津烧时，直接断定是赝品并说道："哪有这样的唐津烧，拿走吧！"老板急忙解释："这是桃山时代的古唐津，近期有很多窑址的调查已经证实了。"出光佐三于是端详后，呢喃着："如果是真的，这类的有多少我收多少。"

　　当时正值二次世界大战时期，许多逸品因战乱而流入市场，古董界就有传闻这些流出的唐津烧，不是在出光手上，就是在去出光家的路上。最终出光前后收了300多件古唐津的名品，自此如果将出光的藏品排除在外，在日本就办不成"古唐津名品展"了。

　　出光佐三更因为所藏的唐津烧而开办位于东京都心的出光美术馆，虽然美术馆的总体量并不大，但对所藏品进行了深入的研究，并将成果集结成系列出版品。当中还有一个常设展，把各个时期的陶瓷碎片进行整理，让参访者能更好地理解日本陶瓷的历史与发展，可谓是一间十分用心的私人美术馆。

◇ 四百年来，近乎一脉独存的中里家

古唐津由于仅仅发展了三四十年后盛况便戛然而止，接续在古唐津之后的江户中期，唐津民窑也曾经蓬勃发展了一段时间，只可惜在残酷的市场竞争中遭到淘汰。日本最珍贵的世代的技艺传承，对唐津烧而言恰似风中残烛，所幸地方政府资助的藩窑，还有一只幸存的独苗，延续着唐津烧的传统命脉：中里家。

中里家的陶祖初代中里又七于 1596 年开窑，1615 年时唐津藩集结了各地的优秀陶工，并任命中国陶工初代福本弥作，岸岳陶工初代中里又七，李朝陶工初代大岛彦右卫门三人为御用窑师，唐津藩窑自此启动。

而在唐津藩窑衔命移至窑厂聚集的椎峯后，藩窑与民窑共同造就了椎峯极盛时期的荣景。藩窑虽贵为御用窑，初期仅为权力阶层提供制品，但逐渐地也为民间生产。1697 年因椎峯的陶工无力偿还亏欠伊万里商人的借款，商人一状告到藩里，最终判决陶工败诉，而与该案相关的大批陶工被驱逐至藩外，椎峯因此极盛而衰。未涉案的陶工则以中里家为首，于 1701 年负责修筑新的御用窑。

之后随着市场对唐津烧需求的退烧，御用窑在风雨飘摇中失去了能见度。直至 1734 年五代中里喜平次开始衔藩命制作御用茶碗，并以"献上唐津"的名义成为贡品，且经常性地成为将军家的御用品或藩与藩之间的赠礼。"献上唐津"的烧造一直持续到 1871 年。

经过了数十载的沉寂，十二代中里太郎右卫门于袭名后力图唐

DATA

年代：2018 年

尺寸：高 5.0cm　直径 14.0 cm

低调之美，沁入骨髓

绘唐津向付

　　"萩烧中兴之祖"十二代中里太郎右卫门之孙，另一身份为美食家的中里太龟的这只向付（食器）呈现了唐津烧朴素、平凡却美得深邃的特质。中心点的梅花纹及简单几笔铁绘的线条勾勒，露胎口缘紫口的呈色，大幅的留白展现淡青色釉面的素雅。

　　古唐津的生产，本来就是为了因应大量日用杂器的市场需求，而映衬食物的美味感更是食器角色扮演的要务。不显山露水的隐晦，低调而粗放的质感，正是唐津烧备受市场垂爱的关键。中里的诠释，恰如其分。

津烧的复兴，并获得"唐津烧人间国宝"的盛誉。目前由第十四代中里太郎右卫门持续在传统中努力创新，中里家的传承已逾425年。

◇ 古唐津的五大特色与鉴赏

艺评家青柳惠介曾这样形容古唐津："唐津烧的魅力在于其百里挑一的纯粹，与蕴涵具有压迫感的力度。虽有各式各样的表现，但均明快而不拖泥带水。这无疑是对中世纪的古窑宣告了近代的黎明，是在涩味当中包裹了华丽。让我们了解到至今仍有一种品味悠远的陶瓷，叫做唐津烧。"

古唐津自古以朴素著称，没有靓彩、形姿及精致的绘工，但这不起眼的平凡陶器，却受到日本人独特审美意识下的感性追捧。古唐津的"景色""土味""触感""映衬""沁色"成为其魅力至今不衰的五大要素。

1. 土味

"土味"指的是日本人以独特的美学观，品味陶瓷器所用的土本身的个性及层次。

"粗放且鲜明的土味""枇杷色的呈色产生的细致土味""高密度烧结的铿锵土味""明快的淡褐色自土中浓浓相宜地透出"等，这些不胜枚举的形容词勾勒着日本人对土这一素材的执着。因为古唐津所用的土并非黏土而是含有碎石的砂岩土，在烧结后才能创造出耐人寻味的层次感。

DATA

分类：重要文化财

年代：桃山时代（16 世纪）

尺寸：高 17.0cm　宽 17.6cm

收藏：出光美术馆

绘唐津柿纹三耳壶

器虽小含宇宙，气虽隐吞山河

　　"绘唐津"，指的是在土坯上以氧化铁为釉彩描绘具体纹样的技法。这只三耳壶是绘唐津中最具代表性的作品之一。唐津烧的朴素大器，绘唐津技法上"无所求"的民艺特质，豪迈而粗放的线条，虽满布于壶身却不失洒脱及雅致的柿纹，再加上底蕴十足的"土味"，这是一只茶人只要过眼便难以忘怀的大作。

　　瓶口瓶身多处锔补，但也成就了日本茶人热爱的金继之美。直观这只三耳壶，令人感受到宁静与放松。高虽仅 17 厘米，却有着许多大壶所不具备的韵味与气势，仿佛涵盖了上下四方；唐津的低调虽令其乍看不起眼，细品后却讶异于它气吞山河之姿。

皮鲸唐津茶碗 铭「增镜」

惊涛骇浪中翻腾的巨鲸

DATA

年代：桃山时代（16 世纪）

尺寸：高 7.6cm　直径 12.8cm

收藏：出光美术馆

　　皮鲸，指的是唐津烧茶碗的口缘抹上一圈铁黑色，加上碗腹呈黑褐色，其余釉面的无纹样，如同虎鲸的黑背脊与白色腹部一般。在什么装饰都没有的釉色中仍能创造出强大的气场，创作者的内心必定拥有着有无相生的巨大能量。

　　越简单的美意味着越不简单，看似平和的茶碗其实如同在惊涛骇浪中翻腾的巨鲸，留给后人无限的想象。

不完美之美
日本茶陶的审美变革

DATA

年代：1630 ～ 1670 年

尺寸：高 36.1cm　直径 31.2cm

收藏：佐贺县立九州岛陶瓷文化馆

刷毛目松树纹瓮（二彩手）

松木与瓶身，苍劲、稳重

　　二彩手，顾名思义是以两色进行彩绘的技法。 二彩与三彩唐津成为江户时期以降彩绘唐津的主力。 松树是彩绘的主角，虽说不上苍劲却雄浑有力，浑圆的瓷身显得沉稳感十足。

　　细看手绘的松树肥厚感独具，而树干与树叶边上有铁绘的晕染效果。画师不喜刻意与工整，就这么熟练而憨厚地大笔一挥。 唐津烧的无名作者、实用性强、不做作的技法，正体现出当时的民艺之美。

2. 景色

釉药的流淌，及手工挂釉时留下的指痕等成为鉴赏的标的。

"景色"是指在拉坯成形、挂釉或烧结的过程中，许多意料之外的偶发所形成的变化，这非人为的自然之美是藏家注目的焦点。 成形中无预设的指痕，修坯工具的不慎掉落造成的抠痕，就这么保留着入窑煅烧。 陶工的"惜物心"与"童心"交织成唐津烧最美丽的风景。

奥高丽茶碗 铭「深山路」

看起来拙劣却并非拙劣，看起来平凡却是非凡

DATA

年代：16 ~ 17 世纪

尺寸：高 7.8 cm 直径 14.0 cm

收藏：个人

160

　　"奥高丽"是高丽茶碗中的一种分类，在江户时期被误认为生产于朝鲜，所以对釉面没有纹样装饰，颜色为"枇杷色"或"朽叶色"的茶碗赋予"奥高丽"的名称。

　　鬼才加藤唐九郎曾说："奥高丽的魅力让人无法具体捕捉，不论哪里都做得很朴素，看起来拙劣却并非拙劣。用来喝茶滋味应该很匹配，因为土质柔软，茶味亦当柔和。若以瓷碗饮茶应该会过于艰涩吧。"

　　"深山路"是唐津烧中常见于不同杂志封面的名碗，在深褐色的土坯上略挂薄釉，剥落处露出的土胎及高台的土味，正是爱好唐津烧者玩味再三之处。该茶碗可谓平凡无奇，但对以禅修为尊的茶人们而言，却是一件充满深邃魅力的名器。

3. 触感

古唐津整体柔顺的肌理及曲面，握在掌中让心里感觉格外踏实。

"触感"指的是由指尖开始，感受到器物表面的粗糙或滑柔，再经掌心感知整体线条与重量感。古唐津的所有棱线都是曲线，连角形器都有圆弧收边。 日本酒用的唐津杯特别受到欢迎，市场上有"备前酒壶，唐津酒杯"的组合偏好。

彫唐津茶碗 铭「岩」

山岩巍峨，处变不惊

DATA

年代：桃山时代（16 世纪）

尺寸：高 9.9cm　直径 12.0cm

收藏：东京国立博物馆

　　以十字刻痕作为纹饰，是彫唐津茶碗的主要特色。十字刻痕上满布缩釉的"梅花皮"，增添了视觉上的层次感。豪放不羁的流畅写意，一气呵成的雕刻技巧，恣意地展现在带有厚度的碗壁上。釉面抹上了岁月的痕迹，大面积的黄褐色晕染与白色釉面的裂纹，如同交织为一幅晚霞与白云共融的景致。又似一首时而铿锵有力，时而柔顺婉约的协奏曲，让人感受到山岩巍峨，处变不惊，更迫不及待地想要在捧起后陶醉其中。

　　看似彫唐津不过是在厚实的坯体上刻削出十字纹，在比对当代彫唐津的诸多死板的形似技法后，还是会感叹如"岩"这般交织着力与美的作品，是如此地难能可贵。

不完美之美
日本茶陶的审美变革

DATA

年代：17 世纪初

尺寸：高 7.9cm 直径 16.0cm

收藏：和泉市久保总记念美术馆

深秋入冬，万物枯寂

是闲唐津茶碗 铭「三宝」

曾属医师中尾是闲所持有，也是命名的来由。 具有类似柿蒂茶碗的造型与质感，由三色釉层组成，上端带红的枇杷色，腰身是鼠灰色带梅花皮，碗腹则呈现深褐土色。

茶碗呈现一种浓烈的枯寂氛围，三层釉色的交替犹如朽叶经深秋入冬时，万物将迎来一场冬眠的休憩以期待来年春季的觉醒。 茶碗散发着冬藏老者的智慧，却又捎来冬去春来的期许，是一只凝视许久也不厌倦的逸品。

热爱古董的文学家青柳瑞穗曾这么形容"三宝"："若得在日本茶碗中择一的话，我会毫不犹豫地选择它。 该茶碗如同将所有高丽茶碗的美尽收于一身。 就算志野名碗如'卯花墙'[1]将其特点悉数展现，我也不认为有何新意。"

---

1 卯花墙：日本列为国宝的志野茶碗，铭卯花墙。 是志野烧的第一代表作，备受茶人赞赏。 三井记念美术馆藏。

4. 映衬

"映衬"指的是美的呈现并非靠器物的独白，而是在与他物结合后所发现相得益彰的美。古唐津主张无形、无色、无纹，而旨在烘托"他物"的存在，使得整体美感令人更能再三玩味。

例如"茶的映衬"中那井户茶碗的枇杷色所映衬的翠绿茶汤，让人感受更深一层的美味；"花的映衬"中若以华丽及纹饰丰富的花瓶来插花，必定使得花与器彼此竞艳而互损，古唐津的花瓶才能真正衬托出鲜花的色彩与生命力；"酒的映衬"中古唐津的酒杯酒器与饮酒氛围的契合等，都让古唐津提升了人们的生活与美的交融及想象。

朝鲜唐津德利

巍巍黑山、白雪皑皑

DATA

年代：桃山时代（16 世纪）
尺寸：高 23.3cm
收藏：逸翁美术馆

不完美之美
日本茶陶的审美变革

　　德利，是日本细颈酒瓶的名称。 朝鲜唐津是釉色中黑、白对称并佐
以蓝、黄灰釉互融的特殊挂釉技法。 这是唐津烧中辨识度极高的一脉，
但由于烧结后极容易花得纷杂无章，再加上景德镇也有大量釉色类似的商
品，所以美感独具的朝鲜唐津至今并不多见。

　　这只德利在下半部的黑、黄、蓝色融合得内敛有致，瓶身的肌理纹路
让釉面的层次感丰富，瓶首的白釉杂以蓝斑静静地流淌下来，仿若富士山
巅被瑞雪覆盖，呈现出令人赞叹的美景。 作者虽然佚名，但将低调奢华
的绝景表现得栩栩如生，让我仿佛能感受到作品跃出画面的生命力。

5. 沁色

"沁色"指的是长年的使用后，器物表面的颜色与层次感受到沁染而加深。

因长时间的使用而让景色及韵味，自最初的样貌逐年产生变化，如同自己亲手滋养了器物的成长，是为一种器物赏玩的趣味。

沁色也可视为一种对使用者的邀约，似乎是创作者刻意的留白，为了邀请使用者进行再创作的设计。

绘唐津菖蒲纹茶碗

面带微笑的智慧老者

DATA

分类：重要文化财
年代：16 ~ 17 世纪
尺寸：高 9.3cm　直径 12.3cm
收藏：田中丸馆

不完美之美
日本茶陶的审美变革

简洁朴素的半筒形茶碗上，有着被誉为一气呵成、无心之绘的菖蒲铁绘。下笔的工匠一定无法想象，数个世纪后后人会将目光焦点落于这个不经意展现出的无限生机的随笔。满布细致的釉面裂纹，像是披上了历尽沧桑的衬衣，佐以铜补的修饰，更似战功彪炳的老将。

　　茶碗如同一位智慧的老者，诉说一句句无声的恬淡，要我们晚辈包容一切过往的悲欢离合。曾经的起伏与笑傲江湖，总不敌抵达人生的终点时，仍能带上嘴角的笑意。我如是感应到它强大的气场。

第 7 章

向传统致意的当代陶艺家

所谓的「一碗一宇宙」，其实就代表着陶艺家的人生观，作者以何种处世的态度面对人生，作品就呈现出何等的器度与价值观。

根据陶瓷学者黑田草臣的研究心得："李朝的三代太宗、四代世宗的国政以废除佛教为方针，并以高压手段没收寺庙，大批僧侣因顿失生计而部分转而成为陶工。 清修的僧人在熟能生巧后所秉持的不只是技巧，温暖的触感、个性的造型及丰富的感性同时融入了作品。 心无旁骛地烧窑，井户茶碗的枇杷色，吴器茶碗的红叶色等，令人屏息的窑变之美从此诞生。 此刻问世的并非粗货杂器，而是气韵生动的高丽茶碗。"

他还表示："当凝视着高丽茶碗时，犹如陶工之魂于四百年后的今日肃然地与我交谈。 高丽茶碗断非无意识或无造作的创作，而是以创作者的感性与作为为出发点，将念想透过双手传递出感动。"[1]

作为本章节中探讨当代作者踊跃模仿历史名碗，最终呈现出怎样的结果的引言，黑田的论述引出了两个值得深思的议题：一是对柳宗悦的观点"高丽茶碗悉数是目不识丁陶工所作的日用杂器"提出反论，也就是黑田刻意驳斥了柳宗悦的基本观点。 二是当代陶艺家的修为是否能具备如李朝僧人一般的境界。

◇ 百万分之一的美

端详高丽茶碗的黑田，打自心里发出由衷的赞叹，他透视了茶

---

1 出自《炎艺术》122 号， 2015 年夏。

碗所包覆的深层美，认同陶工的灵魂已注入其中，使作品散发出亘古的力量。 然而他忽略了一个残酷的事实，收藏鬼才青山二郎曾说："第一流的朝鲜艺品乃陶瓷器，但仅百万中择一。"如果我们从图册中追思高丽名碗，就连精挑细选的清单当中，都只有少部分的器皿蕴藏着深刻且难忘的美感。 换句话说，真正能传世的茶碗比例过低，李朝各窑仍有 99.99% 的产出，只能回归于日用杂器，像是一只丢弃在垃圾桶旁边，都不会被多瞧一眼的农民碗。

黑田所描绘的李朝僧人，因清修而成就了茶碗的绝美。 如同江西吉州窑的木叶盏中，那一片叶脉蜷缩的残相，所收录于历史的惊叹。 木叶盏的禅意同样也被推测为禅僧或修行陶工所为，然而木叶盏中脱俗的禅相并不普遍。

我有位重庆的友人发愿搜集 500 个唐、宋时期各窑口的盏，最终欲以美术馆展品的形态供后人学习，至今已近满愿。 在拜访其北京工作室并上手数十件藏品时请教，如何辨别真伪？友人除了拜师练就眼识之外，凡遇模棱两可者则送热释光检测，热释光的误差值在加减一百年左右，已成为近年业界平息争论的首选。 500 件唐、宋真品对渴求判读真伪的后进而言，的确是不可多得的教材，但是对美而言呢？在一一检视手中数十只唐、宋盏后，能留下深刻印象的，仍属凤毛麟角。

黑田的另一个观点，是认为高丽茶碗承载着陶工的感性与意识之美，是陶工个人的温暖注入作品所造就的极致之美。 但是黑田忽略了李朝当时的窑口都是集体创作，而非个人工作室制作，任一陶

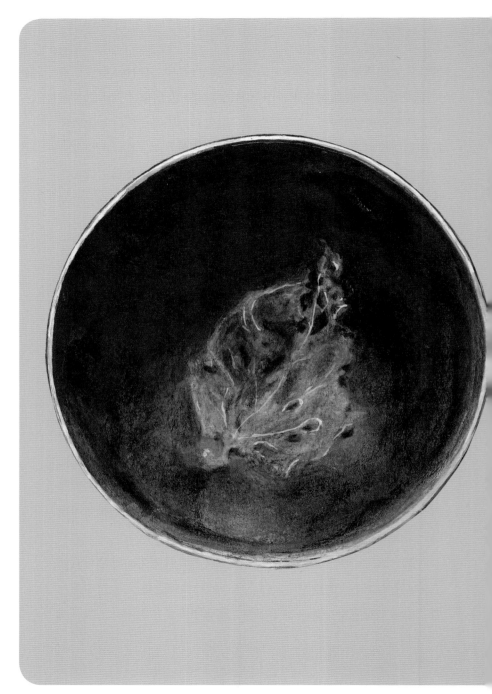

DATA

窑址：江西吉州窑

年代：南宋

残叶飘落，浴火重生

南宋 吉州窑木叶盏

　　烧制这一只木叶盏的陶工显然有极深的禅悟，黑、白、红、黄、青五色在薄如蝉翼的残叶上跃动，象征着色、香、声、味、触皆当舍能舍。一卷残叶的飘落，是一段生命的终点，却借由定格于碗底得到新生的曙光。

　　部分现代陶工喜欢享受花开竞艳、枝叶繁茂的盛夏，热衷于捕捉百花绽放最美的瞬间，所以将一片金灿灿的叶子烧结于崭新的黑釉盏内。却殊不知蚀刻后叶脉的苍茫，才有机会蕴育最隽永的深情。

　　黑田草臣若亲睹这只木叶盏，会不会误以为大部分的吉州窑的陶工都是美感独具的不世天才？

工只负责拉坯、上釉、烧窑等环节其中之一。 就算一个窑口一二十位窑工中有几位转职的僧人，再高的个人修为都将成为制程的一小部分，不足以成为美的关键要素。 而我所观察的当代陶艺家，高修为的作者能在十数个茶碗中，出现一只令人感动的作品已属难得。

黑田所赞叹的美，并非普遍存在于每个高丽茶碗中。 他的感动来自经过早期茶人的茶人之眼筛选过后，那百万分之一的美。 而黑田推论中李朝僧人所制之茶碗，就算当中有高僧的作品，数量恰似禅寺林立的江西，传世之作并不算少的吉州窑木叶盏，也仅出现过几件美得令人惊叹的作品。

黑田的时空背景欠缺大数据分析，所以容易将已被海量筛选的美器，误以为是时代普遍的印记。 他误以为自百万件粗杂民器中精选的一件作品，是凭借着陶工高超的美学素养所完成的。他更误以为自己所追随的，早期茶人透过茶人之眼拣选的作品，是自己慧眼独具的发现。

◇ 当代陶艺家的挑战与成果

然而黑田的论述，却引发了一个值得探究的题目，当代的陶艺家如何挑战传世名碗的天花板？尤其是在这个所有作品都出于个人双手的时代，无意识的创作已不可能发生。

首先陶艺家要能深切地认识到突破的关键点乃向内而非向外探寻，能将日用杂器选为高丽茶碗的茶人们，必定有着深远的美学视角，陶艺家若未能同步理解美的深意，而仅追求材料与技巧的贴近，以及原貌外观的模仿，那也仅仅勾勒了高丽茶碗的表象。 缺少了那动人的灵魂，余留的也不过是一只炫技的空壳。

在这个传统并不等于保守，现代并不等于自由的时代，如何一面汲取过往的智慧足迹，一面创造未来新的可能，最终取决于陶艺家与自己内在的对话。 我发现所有能够创作出感人肺腑器物的作者，一定有着一个动人的灵魂。 所谓的"一碗一宇宙"，其实就代表着陶艺家的人生观，作者以何种处世的态度面对人生，作品就呈现出何等的器度与价值观。 有些人善于表述能行诸语言文字，大众较容易亲近理解；有些人则拙于言辞但身体力行，则需要更多时间让作品被看见。

时至今日，许多在"一乐、二萩、三唐津"的 400 年以来的传承系统之外的青壮及年轻的陶艺家，基于对古典陶瓷的憧憬，有的拜师学艺，有的在美术学校系统进修，有的自习。 由于所有釉药的成分、烧结温度、筑窑方式，在科技进步的今日多已解码，让有志之士能有更多依循的轨迹，在没有任何传统限制的包袱下，得以创造出属于自己多姿多彩的陶瓷词汇。

辻村史朗

吴器茶碗

敬天爱地、震慑鬼神

DATA
年代：1985 年
尺寸：高 10.2cm 直径 14 cm

　　"吴"是日文相同读音"御"的借用字，是传统的祭器之一。 一般而言其高台是直筒的设计，这只吴器则是高台外扩的形制。 自吴器传统的庄严中微调，却未失去其原本目的的肃穆气韵。 枇杷釉底色渗出红叶色的渍痕，带出了早熟的沧桑；松软的坯体富含碎石结晶，让捧起时倍感粗砂的怀旧。这是一只不输给李朝高丽茶碗的当代杰作。

　　辻村为了趋近井户茶碗的杂器制作过程，他采用以量取质的方式，为了心中理想的那一个碗，制作了上千个茶碗。 他以一气呵成的模式，拉坯修坯一次到位。 他努力"在不断重复的拉坯过程中，去趋近手绘稿中理想的线条"。 并进一步表示："以类似制作井户茶碗的杂器感，借由自然场域的气势进行手作，如此一来造作感便不存在了吧！"

不完美之美
日本茶陶的审美变革

DATA

年代：2011年

尺寸：高 9.0cm　直径 9.0cm

伊藤明美

古典贵族，安静从容

镶嵌青瓷狂言袴筒茶碗

　　狂言袴茶碗为十四世纪最早出现的高丽茶碗，其特有的筒形及纹饰表现，有着高识别度。 伊藤这只茶碗已重现了高丽青瓷的典雅细致，釉面裂纹衬托出整体的高级感，并融入被灰釉熏染的墨色。 高丽时代之后接续的李朝时代初期，还持续一段时期的高丽青瓷的制作。 高丽青瓷所代表的贵族风，与李朝时期发展的白瓷所呈现的庶民风，有着根本上的差异。

　　伊藤已将狂言袴茶碗的贵族感诠释得入木三分，筒身轻落的灰釉及手绘的白釉纹饰，让茶碗自带三分民艺风，并令景致格外显得安静从容。狂言袴茶碗是一件不可多得的现代佳作。

不完美之美
日本茶陶的审美变革

DATA

年代：2008 年

尺寸：高 8.1cm　直径 17.6cm

田中佐次郎

苍劲有力，永不屈服

刷毛目伊罗保茶碗

"刷毛目"与"伊罗保"是两种高丽茶碗类型，如前所提"伊罗保"的命名来自对扎手及凹凸不平表面的形容的日文借用字。 这是一只融合了两种特色的高丽茶碗。

田中佐次郎游走于日本及韩国，多次参与日本唐津古窑址的探勘，并到朝鲜半岛挖掘出 700 多种土，剔除杂质后提炼为创作用土。 田中认为创作者幽微的敏感度是成功创作出高丽茶碗的重要因素，他自身习禅并于永平寺得法名禅戒法月。

苍劲有力的黑刷毛笔致下，该茶碗被日本艺评家形容有卷土重来、飞龙升天的意象。 既在沉稳中带着不屈服的坚韧，又蕴涵着大地厚德载物的温暖。 土是陶艺的一切，田中的陶瓷词汇乃"一曰土，二曰土，三曰土"，所以土味成为其创作中意欲表现的重中之重。

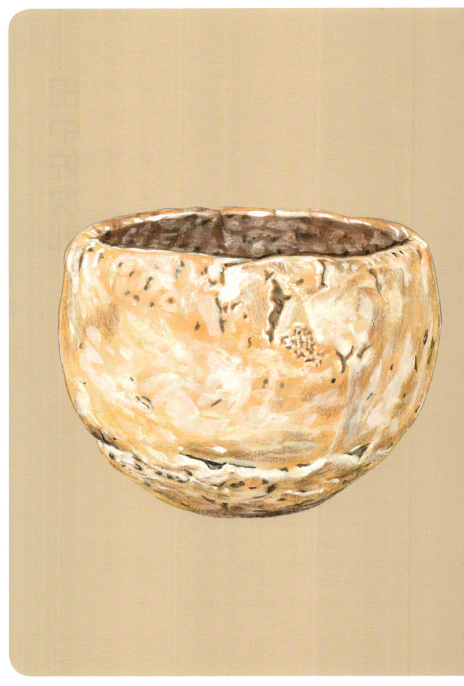

不完美之美
日本茶陶的审美变革

川喜田半泥子

雄浑厚重、玩心不减

赤乐大茶碗 铭「闲寂恋慕」

DATA

尺寸：高 12.2cm　直径 14.0cm
收藏：石水博物馆

　　川喜田半泥子（1878—1963 年）与北大路鲁山人齐名，有"东鲁山人，西半泥子"的雅称。半泥子为日本百五银行的董事长，幼年习禅，在年近半百时才开始作陶，却以陶艺家的身份传世，其传奇的一生将永远被后人传颂。

　　"半泥子"的号，来自习禅导师，要他"一半认清泥一半和于泥"。在被问到怎样才是好的陶瓷器时，他回复："看似杂器且笨拙，但又像雅器充满生命力。以前只有光悦能办到，接下来再等等，有一天会轮到我。"光悦的自由与半泥子的玩心，成就了陶艺界同调的佳话。

　　这只茶碗有一种"松"的感觉，不疾不徐、浑然忘我，就是"玩"陶的境界。半泥子自己描述得最到位："既似拙器，又似雅器"，伊势豪商出身的他自雅器中成长，难得的是他对拙器的诠释充盈着禅修的养分。尺寸大于一般乐烧的这只赤乐茶碗，虽大而巧，有一种悠游于士、农、工、商不同阶层，却始终怡然自得的喜悦。

DATA

年代：2009 年

尺寸：高 8.5cm　直径 11.5cm

黑茶碗

寂静无声，禅坐入定

杉本玄觉贞光

　　杉本于 39 岁时遇见大德寺高僧并拜在门下，禅师点拨杉本对于陶艺如何表现"侘、寂"时说："'侘'是不足的美，'寂'是陈旧的美。"且并非仅是将多余省略的简素，而是将品格作为作品中的必然要素。

　　这只黑乐，是我难得见到贴近长次郎"静"的作品，仿佛禅坐中忘却吐息的节奏，而与时空融为一体。若说还欠缺一点什么，或许是体态少了些许长次郎的灵动。但是连乐家后代都难以企及的"静"的维度，杉本是如何办到的？

　　杉本说："名品需历经百年以上，经由数不清的人眼力的评价。且最终能经过'佛之眼'的考验，才能流芳后世。"这只茶碗整体造型略显笨重，但将禅定的寂静表露无遗。

不完美之美
日本茶陶的审美变革

清水志郎

不放弃、不妥协，终见美

京都土赤乐茶碗

DATA

年代：2016 年

尺寸：高 9.5cm　直径 12cm

　　日本人间国宝清水卯一之孙，清水志郎并未承袭祖父的表现技法，而是坚持走出一条自我摸索的道路。自京都四处挖掘当地土壤，访山溪寻矿石研磨釉药，到深山觅木柴烧制灰釉，一切不假他人之手。同时身为一位生活哲学家的清水表示："我相信时间应该花在有意义的事上，例如人与人的沟通能产生更直观的学习。一段有意义的对话，远比技巧的琢磨对创作更有启发。"

　　清水的这只赤乐茶碗在犹如峭壁起伏的手捏肌理下，透着一股不愿妥协的意图，像是一位睿智的老者诉说着自己的壮阔与苍茫。一块深埋地底十万年的京都老土，就当以最少的干预来还原其深邃的本质。清水更希望以乐烧的低温技法，能最大限度地引出土内所蕴含的自然色泽。"茶碗的土之美，正是其最大的魅力所在。"清水如是说。

　　茶碗整体呈现出不屈服的氛围。以暗红为主的赤乐，融合了红、黑、带乳白的浅红及黑斑点，衬托出它饶富个性的表情。

细川护光

赤茶碗

既贵气又沉稳

DATA

年代：2019 年

尺寸：高 8.5cm　直径 11.5cm

战国名将细川忠兴后代，前首相细川护熙之子的细川护光，并未遵循另一身份为陶艺家的父亲护熙的陶艺老路子，去复制长次郎及光悦的茶碗，而是不断从尝试错误中解放自己对乐烧的热爱。

相较于辘轳的拉坯，细川相信手捏的乐烧所需的长时间成形，更能沉淀创作者的耐心与人品。"传递热能的方式是如此地温柔，以至于手捧时不会过烫，我特别钟爱乐烧的柔软。"细川如是说。

细川的这只赤茶碗，隐藏着一种神秘的气质，从釉面裂纹的缝隙透出暗夜的沉穆，将华丽的枫红变装为迷离的深秋。我喜欢它的贵气与沉稳，仿佛遮掩不住来自名门血统的教养。

DATA

年代：2019 年

尺寸：高 11.0cm　直径 12.0cm

赤茶碗

谷本贵

杂乱中有章法，动中有静

　　谷本贵生于传统柴烧伊贺烧世家，祖父与父亲都是伊贺烧名人，尝试乐烧的契机是因为发现相对于高温烧结的伊贺烧，低温而柔软的乐烧散发着独特的魅力。

　　谷本认为："创作最应该避免的部分，是模仿前人所为。 而在器物的造型之外，最希望融入作品中的是精神思维及美学意识。 我心中理想的乐烧，是作出令茶人爱不释手的茶碗，最好再加上强韧的造型力。 将'乐在其中'及崇高美、野性与知性均融入作品里。"

　　这只谷本的赤乐烧，打破传统黑乐及赤乐的色调，将织部烧特色的绿与黑反客为主。 凹凸有致的肌理搭配红、黑、绿的错落，哑光色调的统合，举目所见，是原始森林的磅礴气势。 丰富而不冲突，杂乱却有章法，它突破了乐烧的传统但不违和，更符合自己所设定的令茶人"爱不释手"的高标准。

不完美之美
日本茶陶的审美变革

DATA
年代：2016 年
尺寸：高 9.5cm　直径 15.0cm

萩井户形茶碗

十五代 坂仓新兵卫

看似平淡却气质高雅

　　"萩烧中兴之祖"十二代坂仓新兵卫之孙，十五代坂仓新兵卫 26 岁时因父亲骤逝而袭名。在撑起祖业及历代光环的压力下，坂仓独自咀嚼了茶人对茶陶"侘、寂"的憧憬，以及古萩茶碗对素材及技巧的要求，最终呼应了历代祖先曾对萩烧造型的评价与期许。

　　坂仓所思考的是，如何在陶艺丰富的造型要素下，将多样而复杂的素材及性质，以简洁的形式呈现出来。而在洗练的技术背后，更需要追求的是意识及思考的纯粹。

　　这只坂仓的萩烧茶碗，平凡、简单、安静。凝视着它时，仿若都能听到自己的呼吸。一只茶碗幻化为一个独自的空间，引导着庸庸碌碌的现代人进入其平凡而美好的世界，放下所有重担与烦恼，只为啜上一口舒心的温暖。

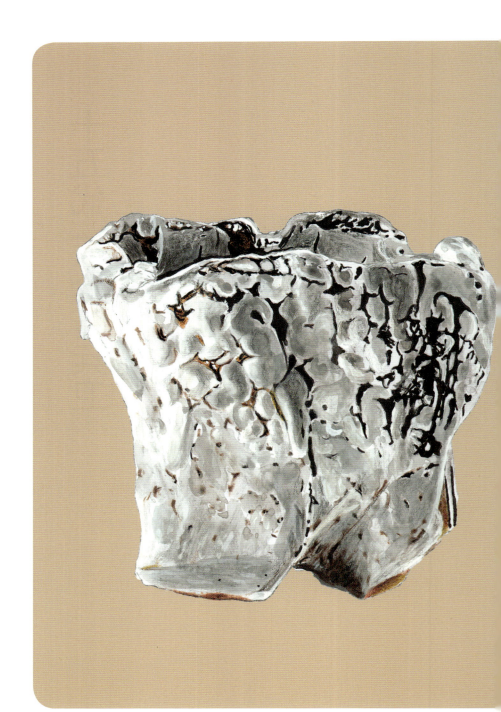

十三代 三轮休雪

岩峭厚雪，气势磅礴

酋长岩茶碗

DATA

年代：2019 年

尺寸：长 15.5cm　宽 15.1cm　高 13.2cm

驻足在美国国家公园优胜美地内，一枚酋长岩巨石前的三轮表示："酋长岩所释放出的压倒性的存在感，凛冽且充满包容力。 在我心中一直酝酿着，哪一天定将此作为创作灵感的基石。"

人间国宝辈出的萩烧三轮窑，其十三代三轮休雪以独特的休雪白，及大开大阖的世界观成就了酋长岩系列作品。山口县立萩美术馆副馆长石崎泰之说："酋长岩茶碗并非三轮对雄大险峻山巍的情感抒发及临摹，而是作者在锻造自我的过程中所堆叠起来的实体。犹如禅僧雪舟以冷严的线条贯穿天地所展现的水墨山水，其实是来自其内里被解放的单一且纯粹的神性。 透过造型的思考，存在空间从一个单纯的物件，扩展到圣性而崇高的'极致'。 当思考该如何追求绝对值的'极致'时，自己已经投射到这样的纯粹性中。"

观赏这只茶碗，自线条张力感受它的气势磅礴，宛若亲睹雪地岩壁的高冷严峻。块状的缩釉、黑底碗身与白釉如雪的对比反差，让观赏者联想到雪地求生的极限挑战。碗底稳如泰山的姿态，又令人忍不住赞叹作品映射出创作者不动如山的意志。

新庄贞嗣

落叶缤纷的秋草之旅

萩茶碗

DATA

年代：2017 年

尺寸：高 8.9cm　直径 12.9cm

新庄家传承了李勺光弟子的一脉。新庄贞嗣早期作陶时追求雕塑的块状量感及空间构成的器物表现，直到近期开始收敛于轮形茶碗，并升华于简素的造型。

虽说乳浊半透明的白色藁灰釉，作为萩烧的基础釉药之一不足为奇，但在枇杷色底色上，满布熏染后的炭迹，长石衍生的缝隙像沁出了墨色茶渍，最终以乳浊白釉全面覆盖后，仿佛闯入了一个爱丽丝仙境般的梦幻中，踏上了一趟落叶缤纷的秋草旅途。想象一下捧起的这只萩茶碗所带来心灵上的救赎，就像是进入了一个远离烦忧的避难所。

不完美之美
日本茶陶的审美变革

DATA

年代：2019 年

尺寸：高 10.0cm　直径 16.0cm

吉野桃李

不息

斑驳残旧却生生

萩井户
茶碗

吉野师事十二代坂仓新兵卫十年后独立开窑。

山口县立萩美术馆副馆长石﨑泰之形容吉野为："一边在独创与模仿真品及赝品的从属关系中锻炼认知力，一边以打破以上的框架为乐。 模仿既不可欠缺，模仿的目的则是让临摹所得，升华自己对美认识的资质，以达到超越模仿的对象，让自身的创造力得以完全发挥。"

李朝的井户茶碗中整碗覆盖梅花皮的例子极少，大部分集中于碗底及高台。 而吉野这只让梅花皮挂满碗身的茶碗，打一开始就无意以临摹为目标。有别于井户茶碗的无为与苍穹之势，吉野将朝阳与雀跃，以及生生不息的力量注入了碗中。茶碗进一步传递了破茧而出的喜悦，让残茧与新生同时成为作品的印记。

与传世的井户茶碗相较，新作虽不及历史名物的大器，但在愿意内省与谦卑的基调下，吉野将自己生命力的搏动呈现给了世人。

不完美之美
日本茶陶的审美变革

DATA

年代：2015 年

尺寸：高 8.5cm　直径 14.0cm

丸田宗彦

淡青宣纸上的挥毫墨彩

御所丸割高台茶碗

　　"御所丸"的命名除了意指特定的圆筒状造型外，还别指黑色刷毛目的技法，因为 16 世纪时由"御所丸号"船载回日本的茶碗上，黑刷毛目是主要的釉相。割高台，则是高台以切削方式呈现，通常为十字形。

　　丸田将自己所喜爱的御所丸釉相及割高台形制的两种茶碗面貌融合为一，截取了各自的豪迈技法，以及古织部的形变气息，创作出这一只丰富却不违和的茶碗。丸田的创作表现了武将的豪气，引人联想到大口喝酒、大口吃肉的战国背景。

　　碗面如在淡青宣纸上大毫一挥的画龙点睛，与似乎能嗅到大地气息的坯体，及感受到长满了厚茧的手传来温暖的厚实感。虽是现代作品却将古唐津自傲的"景色""土味"与"触感"完美地呈现了出来。

绘唐津花瓶

安永赖山

枯寂的景色、质朴的土味、粗糙的触感

DATA
年代：2018 年
尺寸：高 21.0cm　直径 13.5cm

　　安永的这只花瓶，可谓全面重现了古唐津的精髓。枯寂的景色、质朴的土味、粗糙的触感，掷入花材后即隐身为陪衬鲜花的配角。简单的几笔铁绘，让日本藏家得以随想简笔那龙腾或兔跃的意境。就算花瓶独自安静地坐落于室内一隅，也能感受到其强大而内敛的气场。唐津烧的美，美在它毫不起眼，没有披金戴玉的贵气，却能沁入茶人的骨髓。

　　土胎的质感，粗糙但怀旧。釉面上的石粒、裂纹、缝隙，正是唐津烧朴素的本质。颜色的深浅，铁绘的点、捺，则画龙点睛地勾勒出绘唐津四射的魅力。

不完美之美
日本茶陶的审美变革

唐津烧

冈本作礼

气势更雄浑，黑暗见黎明

黑唐津立鹤茶碗

DATA

年代：2018 年

尺寸：高 8.5cm　直径 12.0cm

　　原本以脱蜡法手绘的立鹤纹样，虽左右鹤足依稀可见，但样貌被灰釉烧结后的熔融覆盖得难以辨识。而碗身的黑釉有着一抹深邃且不可测的神秘，难怪黑一向在日本茶道中受到某种程度的追捧。

　　冈本的这只黑唐津茶碗有一股"泰山崩于前而色不变"的沉稳，腰身以竹刀割出明显的分际线，仿若相扑选手深蹲时的吆喝。碗外以黑釉为底，碗内以红色为里，再洒落光晕下似黄金般的灰釉，令人不由自主地想亲吻那幽暗中甫至的光明。

◇ 话语权及"一乐、二萩、三唐津"排序更新的省思

从"一井户、二乐、三唐津"到"一乐、二萩、三唐津",是谁说了算?谁才拥有"话语权"?

首先话语权不在于谁说了什么,而在于说的话有没有受到大众的认同,而且需要经得起长时间的考验。不像现代有许多的自媒体,素人也能透过网络发挥极大的影响力。而以前掌握话语权的一定是握有主流媒体资源的人。根据《山上宗二记》上的记载,把井户推上王者之尊的是丰臣秀吉。但此前自村田珠光到武野绍鸥,早已建立了一个拥抱"侘寂"的审美体系,丰臣秀吉对井户茶碗的认可,是时代所致而非单纯个人观点。且秀吉并非以统治者的身份发言,而必须是以茶人的角色陈述,才会受到后世茶界的认可。

但是秀吉的排序并没有持续太久,桃山时代之后迎来了江户时代,千利休殁后由其孙宗旦所建立的三千家体系,主导了所有茶道界对器物审美的论述。乐烧一脉既获得了秀吉赐予"乐"字金印的认可,又自千利休之孙的乐家二代传人常庆开始传承乐家血脉。乐家与千家本同宗同源一事,促成了"一乐、二萩、三唐津"的排序更新。

虽然萩烧包含了高丽茶碗多种类型,而井户仅是高丽茶碗其中之一。然后世对萩烧的印象,更多是它来自"井户"的国产化。又或许是早期茶人对井户的赞誉,甚至赋予"喜左卫门井户"天下第

一茶碗的尊荣，让韵味贴近但无法超越井户的国产版萩烧，虽然绝美且受到各界广泛的热爱却注定与榜首无缘。

反倒是唐津烧获得最多当代文人的青睐，活跃于艺评界的文学家青柳瑞穗曾表示："我偶然入手了两只世间绝美的日本茶碗，一只是濑户唐津，一只是奥高丽。这样的陶瓷，正是代表日本的景致之一。濑户唐津的肌理使我联想到雨中水晶花的姿容；而当瞥见过境庭院的野鸟，则让我迫不及待地想取出奥高丽。"对与其形影不离的两只古唐津茶碗的着迷，青柳说道："对古董的热爱达到最高点时，我并不在乎二战末期的空袭或本土是否遭到入侵，只是一味日以继夜地耽溺于古董中。只要与友人谈及古董，就能让我格外地安心。"古唐津，成了安定感的代名词，陪伴青柳度过战乱的纷扰。

出光美术馆的学艺部主任荒川正明则这样形容唐津烧："那跃动的、心旷神怡的笔致，让整个心都雀跃了起来。这就是唐津烧人气不坠的原因吧！"白洲正子甚至借由唐津烧来形容能剧的"女"面具的美："不过是个'女'面具，还有什么能增添的要素吗？硬要说的话就是表情了，是如同唐津杯般，自然地不炫耀的魅力。凝望着这只面具，所谓的美人与好女人的差异，就一目了然了。"

乐、萩、唐津烧的排序未见变更

唐津烧的朴实无华总是最能吸引文人骚客的文彩，在当代陶瓷相关的文墨中，最受文人感性赞许的，既非乐烧也非萩烧，而是唐津烧。既然如此，为什么排序未再更新？

DATA

年代：2013 年

尺寸：高 11.0 cm　直径 19.4 cm

中村康平

井户茶碗

豪放不羁、矗立山巅

　　中村康平这只井户茶碗，是我近年看到的当代作者对高丽茶碗的最佳诠释。

　　井户茶碗耸立的高台让人有祭器的联想，而这只中村的茶碗有着相应祭天的敬天爱地的磅礴气势。图中碗口向左右两侧开展的角度，恰似被狂风吹起的披风突然定格于空中，高台却又似盘坐的禅僧，不动如山。茶碗以一种不可思议的极动与极静共融的态势呈现，成就了一件跃动与禅定的姿态同时显现的作品。

　　中村康平说："我所创作的茶碗与日常食器的相异处，是其具备的'思考的器'的本质，希望有朝一日能企及金字塔顶巅那无作为的精神领域。但真正的无作为，是幽雅地伴随着作者的品格而存在的。对于欠缺这样特质的我而言，不得不放弃对无作为茶碗的挑战，转而创作出属于这个时代的现代高丽茶碗。"

　　他还表示："如果我的创作思维能立足于这个时代，茶碗势必能发出某种信号。就算我创作的'思考的器'所蕴藏的内涵无法如愿地传递给他人，还是能让人有守、破、离般最终能自由自在的感动吧！"

一是古萩及古唐津的资料极不完整，许多作品佚失或传承中断，不若乐美术馆将乐烧历代的作品与资料详细汇整。 也因为历史推进的过程中缺乏妥善的搜集与保存，许多藏品可能落入私人藏家手中并未对外公开，所以能见度极低。 我在许多美术馆藏或市面上刊行的出版品中，发现古物中逸品的比例偏低，所以要重新检视美感排序的整体样品基数明显不足。

再者，当代百家争鸣，加上自媒体的普及，任何个人或团体很难有单一的话语权。 其次是乐烧、萩烧、唐津烧的单一系统权威性已经被打破，许多陶艺家个人都能完整地将上述三种技法成熟地呈现出来。例如当代陶艺家中村康平除了所烧制的大井户茶碗令专家们啧啧称奇外，他的乐烧、萩烧、唐津烧作品也都有出彩的表现。许多优秀的陶艺家不一定出自于上述三脉的传承系统，但借由现代科技的昌明，有心者均能入手相关的技术资料，创作出的作品甚至能超越传承者。

原本泾渭分明的三脉传承的美感，被当代出色的个别陶艺家赶上甚至超越，体系中的后继者也不得不在传统的基础上进行创新。创作方向更同步朝向造型、抽象的表现平移，传统的美感定义已经无法涵盖今日的潮流。 所以今日的乐、萩、唐津烧的排行已经不再显得重要，最终作品呈现的美感才是真正的王道。

曾就商业的角度，被问到茶器的销售者与消费者对于美，谁才拥有话语权？销售与消费的关系，原本是买卖的连结，各自的目的不同。 当消费端有既定的想法时，就难以受到销售端的影响。 尤其当近几年两岸茶人鹊起，建立了自己的教学系统，许多有消费能力及实力的人依循茶人老师的审美观，让原本销售者与消费者之间不稳固的信任关系更显脆弱。

柳宗悦的百年民艺美学观

近代的日本审美，受到民艺之父柳宗悦的影响很大，他所定义的"民艺"改变了人们对地摊货"下手物"的印象，将技术纯熟、美感独具却名不见经传的手工艺品，提升到了美术馆藏品的新高度，改写了原本社会主流价值观中，搜集必须是名家落款或皇室御用品的审美观。

柳宗悦是如何办到的？ 1929 年当柳宗悦想将他在朝鲜及日本长年所搜集的民艺品，捐赠给东京国立博物馆，只为了能交换一间可供民众常年参观这些民艺品的常设展览室时，所得到拒绝的理由是这些民艺品难登大雅之堂。 柳宗悦意识到若希望大众对美能有所觉醒，必须仰赖强而有力的论述，而杂志则是当时影响力最强大的媒体。 于是柳宗悦在 1931 年创刊了《工艺》杂志，并开始借其宣扬重要的理念。 柳宗悦的文字既有崇高的理念，论述鞭辟入里，加上行动力卓越，着实吸引到各界的支持。1936 年在实业家太原孙三郎的资助下，日本民艺馆开馆，让柳宗悦所有的民艺藏品得以更深远地为后代提供美学的滋养。

2021 年底东京国立近代美术馆举办了民艺的 100 年特展，纪念这一个引领三代人思潮的运动。 这个横跨百年，至今仍被后代频繁引用的思想及论述，才能称得上是话语权。

不完美之美
日本茶陶的审美变革

第 8 章

跨越五世纪的身世之谜: 井户茶碗

当我们凝望着井户茶碗的美时，不能倒果为因地为它绘制一个美丽的童话故事，将产制井户茶碗的 50 年期自苦情的历史长河中抽离，创造出一个幸福的历史断片。

始自明朝末期时的日本茶人对"喜左卫门井户"那"天下第一茶碗"的集体赞誉，井户茶碗就注定会被后世作为美的标杆，来检视所有未来问世的茶碗。 然而井户茶碗近半个世纪以来所掀起的涟漪，人们却更聚焦于它的身世。

直至 20 世纪 70 年代，韩国人普遍并不知道也不关心井户茶碗为何物，但随着茶道在韩国的推广及韩国本土意识的觉醒，柳宗悦在 1941 年的著作《茶与美》 中对井户茶碗做出的相关论述，虽同时兼具历史的纵深及禅的视角，却让部分韩国专家学者感到民族自尊心受挫。

韩方根据以下所截取的《茶与美》部分文字，认为有贬低其民族的意味："这是朝鲜的饭茶碗，贫穷的人所使用的司空见惯的茶碗，完全是个粗鄙的物件，典型的杂器，最低价的东西。"以及"工人是文盲，窑是破旧的，烧窑方式是粗鲁的。从事这样的工作让人想要放弃，陶瓷器一定是卑下的人所作的。"又说："对象是普通的百姓，用来盛装的米不是白米，用完也不会好好地洗涤。"并强调："如果说饭茶碗是朝鲜人的作品，大名物则是日本茶人的作品。"

◇ 申翰均的井户茶碗"祭器说"

于是有几派专家的平反论述，受到韩国业界热情的追捧。 其中 2000 年后由韩国陶艺家申翰均所提出的"祭器说"得到最大的回

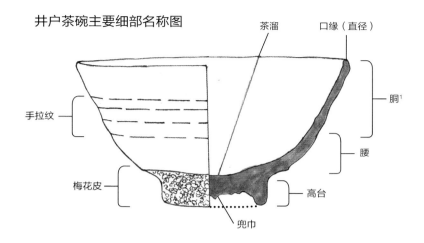

井户茶碗主要细部名称图

茶溜　　　口缘（直径）

手拉纹

胴[1]

腰

梅花皮

高台

兜巾

响。 申氏认为井户并非饭茶碗，而是朝鲜时代南部晋州的一般民间所使用的祭器，并列举三大论证。

一是井户的高台太高且过于狭窄，作为饭茶碗的话使用不便。二是井户在韩国挖掘不到出土的作品。 祭器虽然没有出土记录，但祭器原本就规定不能陪葬而需另地掩埋；若作为食器则必然找得到出土品，但实际却毫无所获，所以井户并非食器。 三是井户的制作规范。申氏认为后人归纳的数个精彩处，例如碗身手拉纹、竹节高台、兜巾[2]、枇杷色釉、总釉[3]、梅花皮、叠烧痕，正是井户在制作时被严格规范的结果。 "祭器说"在提出后引起韩国一股热潮，获得

1　胴：指的是碗身上半部。

2　兜巾：在高台内的中央尖状凸起的部分。

3　总釉：陶瓷器的外观上自顶端至高台，因挂釉所呈现的整体视觉效果。

各界的支持，甚至在日本被誉为井户茶碗研究第一人的东京博物馆副馆长林屋晴三都表示支持。

民间祭器的使用者与使用时间

如果从历史的面向回顾，李朝（1392—1897 年）采严格的阶级"良贱制"。良民分为贵族、中阶及常民三阶，加上贱民共四阶。而一般认知的庶民，乃常民中最底层者[1]。李朝在建国前期，虽仍以佛教式的祭典为主，但皇室积极普及儒教式的祭礼。只是儒教需要举行祭礼的祠堂及祭祀鬼神与祖先的祭物，依照李朝时期的史学者李瀷（1681—1763 年）的考据，李朝开国至李瀷自己所处的年代，只有享有俸禄的官员甚至是富裕的贵族，才有能力负担高昂的祭典开销。

被韩国考古界所证实，首次出土的民间祭器的陶片，是在 17 世纪中期后所建的白瓷窑址发现的。由于当代的韩国专家学者推知的井户茶碗制作时间约为 50 年（1450—1500 年），井户茶碗的诞生比民间祭器的制作年代足足早了 150 年之久。甚至是在井户已扬名万里的日本桃山时期（1568—1603 年），都比朝鲜民间祭器的生产日期早了至少 50 年。申氏认为井户茶碗乃民间祭器说法，从历史时序上而言并不符合史实。

---

1 中阶为在中央或地方部门担任行政职者，常民为农民、手工业者及商人等，贱民大部分为奴婢、屠夫、艺人等。庶民则是常民中地位最低，税赋及兵役的责任最大，最受剥削且人口占比最多的人。

而井户的高台太高且过于狭窄的说法，可以将李朝时期的井户名碗"有乐"，及根津美术馆所藏的饭茶碗"古坚手雨漏茶碗"（见第212页图）比较，"雨漏茶碗"比"有乐"矮了1厘米，直径宽了1厘米，高台的直径及高度虽然一样，却让人有高与窄的错觉。而井户茶碗的平均值，直径15.1厘米，高8.7厘米，高台直径5.5厘米，高台高度1.6厘米，用来吃饭是完全不违和的。饭茶碗的高矮胖瘦除了是主观的喜好，更是李朝时代庶民的生活缩影，不能以现代的习惯来做判断。

另外，申氏表示井户过高及狭窄的高台，如果盛饭容易倾倒，不适合作为饭茶碗。那作为神圣的祭器，上面需要盛装祭祀用的食物，若容易倾倒岂不是对神明及祖先的不敬？因此井户的高台造型不适用于饭茶碗，这个理由过于牵强。

其次是不论是祭器或食器，考古学者至今仍未曾在各窑址中找到过出土的井户碎片。日本方面的文献虽直指井户来自李朝，韩国却未能以出土文物佐证，让这个谜团始终难以真正解开。近来韩国学者确认了由高丽（918—1392年）青瓷转变到李朝（1392—1897年）白瓷的过程中，是先由粉青沙器在高丽末期取代了青瓷，接着当粉青沙器过渡到主流的李朝白瓷时，有一个土胎由软质白瓷转换为硬质白瓷的试烧过程。依据韩国庆南发展研究院的报告书，推测井户便是在1450—1500年间的试错期产物，直至16世纪初期，李朝的硬质白瓷技术终于成熟，属于软质白瓷的井户就此停产淘汰。

古堅手雨漏茶碗　大井户茶碗　铭「有乐」

DATA
年代：李朝（16世纪）
尺寸：高 7.7 ~ 8.2cm　直径 15 ~ 16cm
收藏：根津美术馆

DATA
年代：李朝（16世纪）
尺寸：高 9.1cm　直径 15 ~ 15.2cm
收藏：东京国立博物馆

两茶碗大小比例："古堅手雨漏茶碗"比"有乐茶碗"矮了 1 厘米，口径宽了 1 厘米，高台的直径及高度虽然一样，却让人有高与窄的错觉。

不完美之美
日本茶陶的审美变革

井户非食器的推论仍需更多证据

在井户制作时期，日本人所居住位于朝鲜半岛南方沿岸的倭馆有活动范围的限制，通商港口则集中于镇海、釜山及蔚山三港。 彼时交通不便、运输艰难，出口的陶瓷品一定来自港口附近的窑厂，韩国学者从出土陶片的技法、土坯及烧结温度等细节进行了仔细的比对，几乎认定井户是产自南方的民窑熊川窑。

但是为什么井户没有一件留存于韩国，且连残片都挖掘不出？主要还在对于李朝陶瓷，藏家们争相收藏的是贵族珍爱的白瓷或粉青沙器，井户这等庶民的日用杂器，是没有人看得上眼的。 而这 50年间熊川窑产制的井户也可能极受日方的青睐，悉数被运往日本了。不过由于熊川窑窑址周边的考古挖掘仍十分有限，不少韩国学者期盼，有朝一日能找出井户的残片，让历史全貌能有更完整的还原。申氏因为没有找到出土残片，即总结井户非食器的推论过于薄弱，我们只能期待未来有更多的证据来厘清史实。

◇ 李朝陶工的哀与美

井户茶碗的特色中最脍炙人口，且最能展现其优雅及力度的"不完美之美"，是类似鲟鱼皮的粒状凸起纹路"梅花皮"。申氏认为"梅花皮"是祭器的表现，也是李朝陶工艺术行为的成果。并表示："梅花皮是在追求自然美及自由精神的陶工所拥有的幽默及余裕下，借由陶工所追求的禅之美所孕育而生的。"

大井户茶碗 铭「细川」

DATA
尺寸：高 9.4cm　直径 15.8cm
收藏：东京畠山纪念馆

「梅花皮」清淅可见。

不完美之美
日本茶陶的审美变革

虽说放诸今日，"梅花皮"是釉药在土坯上缩釉的表现，已成为成熟的陶艺技法，但直至20世纪70年代的韩国，为了重现"梅花皮"，还需要仰赖化学药剂及在坯体上挂上两层釉药，经不断尝试后方可再现。大名物井户茶碗的高台上"梅花皮"的制作原理，是在制作饭茶碗时因自碗身下腰处向内削切，且高台壁土坯厚于碗身。由于挂釉时釉向下流动，最后积累厚釉于高台壁，加上其粗砂土坯的高吸水率及高气孔率，在釉药干燥的过程中发生龟裂的现象，经由高温烧融后再凝固时，所自然产生的缩釉肌理。

其实"梅花皮"并非井户所专属，李朝的"雨漏茶碗""雨漏坚手茶碗"及"伊罗保茶碗"虽非祭器，在部分高台也都找得到缩釉的景致。缩釉虽说是现代陶艺普遍受欢迎的表现手法之一，但李朝时陶工所讨好的对象是贵族，主流技法乃纹样精致的镶嵌或印花，甚至是透明釉及雕刻的结合技巧。"梅花皮"仅见于极少数的庶民饭茶碗，且就连井户本身的釉相也没有划一的表现。所以如果熟悉李朝陶艺的历史脉络，就会理解专家对于井户的合理推论，是在50年期间（1450—1500年）由特定民窑窑口的惯性手法下的产物。

充满悲歌的族群反在日本获得重视

柳宗悦在大德寺孤篷庵亲自上手"喜左卫门井户"后留下的赞词："从'平易'的世界里为何能孕生出美来？那毕竟是因为蕴含了'自然'的缘故。"已为井户的陶工因为谦卑无我，而能"道法自然"，做出了最贴切的注解。

然而李朝陶工在创作出令世人惊艳之美的背后，却隐藏着无言的哀歌。因自身的陶艺成就及辈分，得以于孤篷庵上手"喜左卫门井户"的当代韩国陶艺家赵诚主，在其著作《井户茶碗的真相》中，披露了鲜为人知的历史：

15 世纪时李朝的基本法典《经国大典》中记录了 130 类手工业者匠人共 2814 名，其中陶工 386 名比例最高，约占 14%。然而在经济支柱乃农业的时代背景下，重农轻工的结果，是匠人虽应列为第三阶的常民，却总被视为第四阶"工商贱隶"而饱受贱民般的歧视。匠人技术的传承悉数为世袭制，但赋税及兵役的义务繁重，又没有享有相对的权利，成为充满悲歌的族群。

《朝鲜王朝实录》中记载中宗年间（1506—1544 年），由官方设立的各地陶瓷分院制度崩解："以前在分院的陶工甚众，但如今近半数逃亡中。"及"因月俸锐减无法养育妻儿而计划逃跑。"更悲凄的是，在 1697 年持续的传染病及饥荒下，发生分院的陶工及其家族 39 名相继饿死的事件。彼时官吏侵吞政府补助，又加重陶工生产责任，陶工沦为社会底层被极度剥削的苦力。

李景稷的《扶桑录》中记载，李朝政府曾在陶瓷战争（1592—1598 年）后三度派出使节团，想要迎回在战争期间被俘虏至日本的陶工，但遭到陶工拒绝。最大因素还在于在日的李朝陶工受到尊重、待遇优渥、税负减免，并得以在保有匠人的尊严下工作与生活，反而让被虏至日本的李朝陶工，在安顿后返还故乡携带家眷及亲属移居日本。日本对李朝陶工的重视，也可以从唐津窑区发生大规模森林滥伐事件时，地方政府出兵整顿窑厂之际，是率先保卫韩裔陶工，而放逐日本陶工一事中了解。

"哀"才是李朝陶瓷线条幽寂的缘由

李朝陶瓷是时代的印记，承载着陶工在不堪回首的历史上那不可承受的苦情。初闻柳宗悦以"悲哀之美"形容李朝陶瓷时，我只能将"悲"所象征的悲情、悲伤，连结至韩国在李朝时期遭逢陶瓷战争，与在近代受到日本统治的奴役历史。终于，第一次近距离欣赏到李朝的一只白瓷大瓮，是在京都的一家私人美术馆，并验证了柳宗悦所言："当凝视着这样的姿态时，内心如同被寂寞压倒了一般。那流淌的曲线始终是悲伤的象征。"但又过了多年以后，当我阅读到李朝陶工的惨淡历史，那总饱受贱民般的对待，甚至饥不果腹的宿命，才理解到"哀"与"悲"的不同。"悲"是悲从中来后泪湿衣襟的情绪溃堤，"哀"则是泪湿已干后的无奈与哀愁，原来"哀"才是李朝陶瓷线条幽寂的缘由。

当我们凝望着井户茶碗的美时，不能倒果为因地为它绘制一个美丽的童话故事，将产制井户茶碗的 50 年期自苦情的历史长河中抽离，创造出一个幸福的历史断片。当陶工连基本生存与工作的尊严都被严重践踏时，创作的幽默与余裕又当从何而来？

第 9 章

培养面对古董及当代作品的"觉知审美"

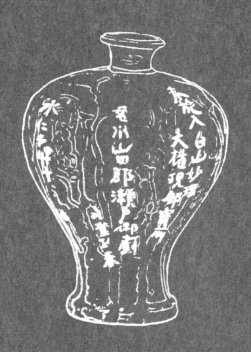

当眼、耳、鼻、舌、身接受外来的讯息时，是传给了脑，还是心？
对美的认知将产生巨大的歧异。 如果是脑的思考，那美丑的依据
是什么？

博物馆等级的古董例如汝窑或定窑，对一般市井小民而言几乎仅剩买门票后，隔着玻璃观赏的份，想要入手收藏甚至把玩都求之而不可得。就算有公开入手的机会，大多情况又除非已富可敌国能到拍卖场竞标，否则只能望穿秋水。有幸者或有经营古美术店的友人，能偶有机缘亲临上手学习分辨。但器物之美，不就该是扮演滋养生活的角色吗？这样遥不可及的美，只是徒增遗憾罢了！我们需要的是对一般人而言最适切的古董观。

◇ 柳宗悦及白洲正子的古董观

陶瓷的艺评之所以不易，是因为陶瓷之美具有纵深。这里的纵深指的是陶瓷的欣赏，必须是从外显的釉色肌理到内在精神层次的赏析。绝大多数的艺评只停留在表层的肌理表现，以及釉彩呈相的丰富，而很少触及作者的思考及作品最终的显现的内在张力。这类的艺评更多仅仅勾勒作品的历史背景，创作技巧，以及作品表层的个性美。但这部分只占了整体美感的30%，却忽略了更深邃的70%的精神美。

日本近代让我最佩服的两位艺评家，一位是柳宗悦，一位是白洲正子，他们对于古董搜藏都各自有非常独到的见解。

柳宗悦说："虽说是人在藏物，但是左右藏品的却是人心。"柳宗悦对于藏品的透视能力，竟能做到穿透文物的历史背景、时代氛围，透彻得动人心弦。他是这么描述宋窑的："我不曾见过宋窑里有撕裂的二元对立。 那里始终是刚柔并济的结合，动与静的交织。 那个在唐宋的时代里令人深切玩味的'中观''圆融''相即'等终极的佛教思想，就这样忠实地被呈现出来。 还有那'中庸'不二的性质，至今依然存在宋窑的美感之中。"又表示："那既不倾向于石，也不偏向于土，两个极端的性质在此交融，将二糅合为不二。 不仅如此，那烧到既不殆尽又不残留的不二境地里，器将自身的美委身其中。"

他对李朝陶瓷的美，写下："线条其实是情感。 我还未曾看过比朝鲜的更美、更幽寂的线条。 那是在人情里浸润的线条。 在朝鲜固有的线条中，保着那不可侵犯的美。 无论如何地模仿与追随，在它们之前是没有意义的。"

对于何为搜藏的最佳方向，他提出："对于已被认定的价值的良好守护，我称之为'守护式搜藏'。 比'守护式搜藏'更进一步，达到'创造式搜藏'的话价值将更上一层楼。 如果能开创新的见解，提高基准，搜集即进入了创作的范畴。"

日本民艺馆一万七千多件藏品中的大多数，都是在 20 世纪 20 年代起，柳宗悦在跳蚤市场以青菜萝卜的价格入手的。 当时的粗货"下手物"因缺乏落款与箱书，被人们不屑一顾。 是柳宗悦看见了它们的美，赋予了"民艺"这个新的身份，最终使之成为日本文化界的一股清流。

追求与生活结合的美学意识

白洲正子对古董有过这样一段叙述："在与喜爱的东西交流之际，是古董教会我其中的奥妙。经过了五六十年的朝夕相处，终于了解到古董是有魂的。古董的魂与我的魂因邂逅而火花四溅，结果是令人怦然心动。人们会说这不过是一见钟情罢了，但因为会怦然心动所以看见美。不仅如此，古董甚至更进一步指出我的缺点、优点以及教我该如何生活。"

虽含着金汤匙出身，祖父是海军上将，但白洲正子也曾苦恼于看上一件6万日元的志野香炉，当时还得每月分期付款取得。写下《白洲正子·我的古董》一书的正子，经常被不同的出版社追问对于古董的看法，她是这样回复的："有编辑喜欢问我，该如何分辨古董呢？哎呀，让我想想。我也不知道呢，只懂得自己喜欢的东西。"还说道："我的藏品中从来未有任何一件有名的名器，假设有的话也只是日常使用的物品，藏品几乎等于零。"所以如果只是将藏品束之高阁，又有什么意义呢？因此她表示："邂逅一件美丽的古董，并加以使用，正是为了丰富自己的生活。"将美与生活结合，才是正子最动人的美学观。

柳宗悦式的审美观虽能予人生命的深层启发，但对一般人而言要立即上手显得力不从心，且所有绝美的地摊货在进入"民艺"时代后，能低价入手的机会已悄然而逝。正子的生活美学显然能给予当代人更多的启迪，她日常所用的器皿及茶碗大都为北大路鲁山人的作品，且越用越显得出色。

由于正子与鲁山人的好交情，鲁山人在开窑时总会通知正子，有时还免费赠送大量刚出窑的日用陶器。正子笑说本来认定了要一辈子都白拿，结果在鲁山人过世后才急忙地去补买了一些。正子认为鲁山人的作品就算因他过世而起涨，仍比还在世的其他陶器大家相较便宜许多。她坚信鲁山人最终会被后世认可，并说："古董与古典名著很相似，只有优美的作品，才经得起人间风霜的试炼，历久不衰。"

我曾拜访正子东京近郊的故居"武相庄"，所展示的日用陶瓷杯皿等的确大半为鲁山人所作。所以培养"茶人之眼"识别当代独具潜力的作者，将其作品融入日常中，是一门生活美学的必修课。

◇ 料、工、形、纹 VS 美

古董业界包括故宫博物院对于古器物的研究，一向讲究方法论"料、工、形、纹"。料是材料，是器物材质的基本特征；工是工艺，是制作器物的工具和基本手法及方法；形是形制，包括与时代相关的线条与器型，及从工具痕迹入手了解器形的成形方法；纹，则是纹饰，其中关于纹饰所涵盖的信息量庞大，但也最具鲜明的时代特征。

"料、工、形、纹"是眼识的核心，需要的是眼力的锻炼。此外的款识、使用状况、老旧痕迹、传世或出土履历、艺术价值等的

永仁的壶，加藤唐九郎的赝品门

有鬼才之称的加藤唐九郎（1898—1985 年）一生最具戏剧性的一出戏，也是日本陶艺界永远不会忘记的事件：永仁的壶。

1943 年日本考古学会的学会志《考古学杂志》专栏"永仁二年（1294年）、铭濑户瓶子"中刊载，挖掘出"镰仓时代古濑户中最古老的铭，永仁的壶。"在瓶身上刻有以下的铭文：

奉施入 百山妙理大权现

御宝前

尾山田郡濑户御

水埜四郎政春

永仁甲午年十一月 日

1959 年"濑户饴釉永仁瓶子"，被参与中国各古窑址探勘，在日本有宋代"定窑窑址"发现者之称，业界被誉为古陶瓷研究第一人的小山富士夫，提名为重要文化财。审议会开始 15 分钟后，美术工艺部的 11 位委员一致决议给予重要文化财的资格。

获得重要文化财认定的隔年，被高度怀疑为赝品的濑户本地人提出检举。加藤唐九郎在引起轩然大波后避走巴黎，但于回国后发文承认"濑户瓶子"是自己的作品，最后经由 X 光荧光分析等科学检验后，被委员会解除重要文化财的认证。

唐九郎在承认后对此事一概封口不谈，他被免去人间国宝且辞去所有公职，开始专注于桃山时期的志野、织部、黄濑户、濑户黑、唐津、伊罗保等釉色的钻研，最终取得重大的成就，成为日本近代陶艺最举足轻重的人物之一。

回顾事发时身为人间国宝的加藤唐九郎，原本在业界便已一言九鼎，为何要涉入既敏感又争议性高的赝品门？业界有人臆测是唐九郎对缺乏审美之眼，动辄对箱书、鉴定书、市价等崇拜的众人，所进行的嘲弄。连当时被认定为古陶瓷鉴定第一人的小山富士夫，都会在如此重大事件中栽跟斗，何况是目前业界所谓的鉴定专家或拍卖行？

DATA

分类：濑户烧

尺寸：高 27.0cm 宽 18.2cm

作者：加藤唐九郎

永仁的壶

古拙大器，线条幽雅

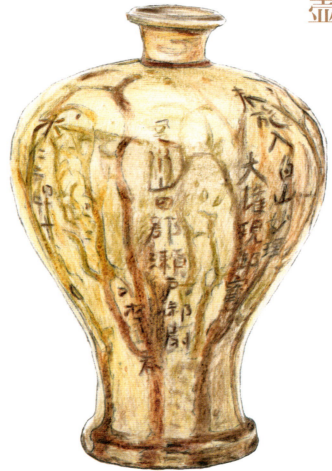

综合判断，都用以鉴别器物的真、赝。然而除了广博而专业的陶瓷器知识外，历史、地理、考古知识、化学、物理学、心理学、丰富的社会经验等对文物鉴定都大有助益。

只是"料、工、形、纹"得自实物上手来切入，不仅故宫的国宝不可能随意出借，连京都乐美术馆都仅偶尔对外开放预约，让朝圣者有机会上手一只乐家历代茶碗，且据说所费不赀。致使想要熟稔"料、工、形、纹"不仅门槛高筑，一般消费者只可远观。另一个更直接的问题是，就算考据无误就等于就是一件美物吗？

YouTube 上有一则视频，教大家如何在三只茶碗中分辨哪一个才是乐烧十二代弘入的真品，正是从"料、工、形、纹"的角度切入。赝品的土过于精制不够粗放（料）；高台过于浑圆，是透过辘轳拉坯而非传统乐烧手捏成形的工艺（工）；360 度检视茶碗的造型，并非弘入惯有的手捏形制（形）；落款的钢印字体过细（纹）。

然而如果真品并未具备触动人心的美，那与两只相伴的赝品相较，只能剩下专家的认证？

◇ 觉知审美，走入历史还能超越历史

本书虽然为了帮助读者对日本茶陶发展的过程，有一个相关脉络的认识，所以花了大量的篇幅整理陶瓷史的衍化转折。但我真正的希望，是读者们能走入历史却还能超越历史。

历史中有许多美的轨迹，但历史文物并不等于美物；史学家虽

然了解历史，却不一定懂得美。柳宗悦在《茶与美》中仔细剖析了两个与史学家主流立场相左的例子。一是史学家主张乐烧是井户的升级，柳宗悦则认为是退步。因为井户浑然天成而乐烧刻意做作。二是高丽青瓷与李朝白瓷相较，史学家认为后者难登大雅之堂。柳宗悦却这么点评李朝白瓷："形更加宏伟，纹样单纯化，手法是无心的，而且表现出新而美的惊人效果。"

以历史或技巧论美，常常使自己陷入五里雾中不知所云，所以超越历史的审美能力是必要的。这正是柳宗悦所强调的"直观"，但却不曾指引如何实践。于是我企图借由本书归纳出一个能超越历史的审美方法："觉知审美。"

眼、耳、鼻、舌、身接收信息，是传脑还是传心？

当眼、耳、鼻、舌、身接受外来的信息时，是传给了脑，还是心？对美的认知将产生巨大的差异。面对一件美的事物，身体率先律动的是脑的思考，还是心的共鸣？如果是脑的思考，那美丑的依据是什么？是自己的好恶，还是专家的意见？如果自己在标的物前驻足良久却半晌都无感，对于美又该如何亲近？

1. 眼、耳、鼻、舌、身传脑

这是一个主观且好恶分明的世界，也是一个依据狭隘的经验容易批判论断的世界。近代的媒体宣扬"只要我喜欢，有什么不可以"？眼所见、耳所听、鼻所闻、舌所品、身所触的感知传递给脑，并点滴积累为坚定的喜好，但主观使得个人的好恶无限上纲，只要是符合自己审美标准的就是美的。 这个传脑的习性当中还包括社会的集体意识，只要是专家认可的都是好的，自己没有能力反驳又担心提出不同的意见会暴露所知的匮乏。 另一种社会集体意识是集体利益的捆绑，由于拍卖会的拍品是集体资金的堆叠，人们总是关心自己的藏品又增值了多少，而非真的在乎作品的美丑。

还有一种传脑的特质是容不下不同的意见，只有自己的审美观才是绝对无误的，遇到与自己相左的论点不是无法释怀地生闷气，就是不自主地争得面红耳赤。 这样的美过于局限，很难经得起时间的考验。

2. 眼、耳、鼻、舌、身透过框架学习美

美学教育是学习美的捷径之一，不论是学校教育或是坊间大量的美学书籍，提供了莘莘学子一条有系统又便捷的路径。 然而虽然我自己也是受益者之一，却又常常深受其苦。 不论是西方的美学架构，或是东方的美学体系，往往千辛万苦地爬入一个新的框架中，却在以为自己掌握到重点而欲振翅高飞时，又迷失在来时路上。 美学框架常常像是一座又一座的高山峻岭，不信自己爬不到顶巅，爬到半山腰时却又坠入五里雾中。

这一类美的探索是试图透过脑，学习美学家借由其眼、耳、鼻、舌、身所归纳的美。 如果能复制美学家的五感，借由专家的经验来体验美，是否就能真正认识美？遗憾的是隔着一层纱勘探美的真相时，将离真正感知美、拥抱美更加遥远。 原来美的体验，是如此地不可言说！

3. 眼、耳、鼻、舌、身传心

这正是柳宗悦强调的"直观"！当眼、耳、鼻、舌、身接受信息时，抛开经验与知识的桎梏，暂停脑一切的运作，只是单纯以心来感受。更具体地来说，对使用者而言，"无我"才能传心。那什么是"无我"？如何做到"无我"？

《心经》中的"照见五蕴皆空，度一切苦厄"，指的是眼、耳、鼻、舌、身在面对外境时，透过脑的识别后产生色、受、想、行、识的认知，称之为五蕴。由于脑有了强烈的喜欢与不喜欢，所以五蕴产生了坚固的执着相，也因此带来无穷的烦恼（苦厄）。这些烦恼必须透过智慧来"空"掉，但这里的"空"并不是什么都没有的空，而是"空性"的"空"。"空性"指的是不论是如我意或不如我意的变化，我都愿意接受。放下执着，无有分别，回到赤子之心的"无我"。

"无我"必须是落实于日常生活的行为，光是观念上认同"无我"，传心的效果有限。如果能真正做到柔软不争，而非隐忍不发的不争，也就是待人接物愿意以和为贵，多为他人设想，凡事无所谓一点，应缘而不攀缘，遇事不顺心时能如风一般轻轻拂过而不带负面情绪，则心能安住。若心如止水，一切经由眼、耳、鼻、舌、身所接收到的情感的细微波动，心便能同步感知。

"觉知审美"透过"无我"来精进五感，最终让自己的第六感"意"，与创作者创作当下的"意"共鸣。也可以说是借由心与心的共振，来感知及回溯作品在创作时的状态。申氏所论井户茶碗的"梅花皮"是在"陶工所拥有的幽默及余裕"下所创作的"禅之美"，不但错把井户茶碗的美，理解为来自一个个美学大师之手，更把"禅"理解得过于肤浅。

"唯有空碗才能承载"的道理大家都熟悉，但是"道理"是"传脑"的，只停留在脑的认知。等到真正能把碗空掉，感受到自己在日常中，因何事而烦躁不安，因何物而感动莫名？"传心"的阶段才刚刚要开始。

◇ 创作者的禅境，"有我"及"无我"

对当代的陶艺家而言，禅境并非追求而来，而是修为的深浅所对应出来的。作品的禅意，是来自陶艺家的"有我"及"无我"的两种内在状态。对于创作者"无我"的实践，所被要求的境界还在观赏者之上。"无我"的禅意，体现于陶艺家的是在谦卑下接受自然灵感的馈赠，让神来一笔借由自己的双手化生。"有我"的禅意，则更形困难，必须是陶艺家自身的修为已达禅境，随手拈来都是禅意的外在示现。

陶瓷鉴赏史上，能回溯陶瓷创作者在创作当下的心境的人极为稀有，但那却是走入历史后能超越历史的终极目标。柳宗悦之所以这样形容井户：是"典型的杂器，最低价的东西。作者极度卑微地制作，没有一处凸显个性。是谁都可以做的东西，是谁在何时何地，都买得起也买得到的东西"。是因为他了解极卑贱与极尊贵本来无有分别，这就是禅的实相，也才是"喜左卫门井户"之所以能最终登上天下第一茶碗宝座的真相。

当我们走入历史，都为井户的"禅之美"赞叹之时，由于它的身世成谜，给予粉丝们无限的想象空间。 而申氏在韩国历史自尊心的驱动下，以预设立场拼凑了井户出自大师之手的故事。 申氏最大的短板是缺乏直观力，且既不了解"有我"的禅意对陶工的难度，也分辨不了何为"有我"的刻意与"无我"的自然之美。

唯有柳宗悦能将特定时代中陶工的情感，与陶瓷鉴赏融合为一。 他所诠释的李朝陶瓷的"悲哀之美"，是泪湿已干后的无奈与哀愁内化为幽寂的线条。 无奈的尽头可能是接受，可能是认命，甚至转念为乐天知命。 我从直观李朝的陶瓷来总结的话，作品中的哀愁与知命是并存于同一时期的。 李朝的陶工一旦愿意接受命运的逆境，只求温饱就能带来满足时，谦卑与无我便成了劳动的日常，也有机会因此孕生出透着禅意的作品。

觉知力一旦开启，美将无所遁形

原来接受一切顺与逆的变化，就是禅的本质！也是井户茶碗的本来面目。 井户茶碗虽被誉为天下第一茶碗，但1450—1500年这50年间的所有产出中，造册传世的也不过30多只。 对此30多只的崇拜，造成后世将陶工神格化的谬误，仍肇因于自己对美理解的不足。 所以唯有培养出走入历史却还能超越历史的"觉知审美"力，才能清楚理解陶工与禅意连结的真相，更不易被艺术品市场中纷杂紊乱的信息蒙蔽。

现代所定义的美，与资本市场的脉动息息相关，逐渐地关心美的人少了，多了以利益挂帅的投机者，美或不美已经不重要。例如拍卖市场中的百年茶叶，能不能喝不重要，包装完整年份考据才是王道。拍下的人不拆胶膜，也不在乎是否爬满霉菌，只是算计着隔几年再赚一笔。

有一次学生带着刚从拍卖场拍下，装在马口铁中 20 世纪 50 年代的普洱茶砖来找我品茶，包装上还看到未拆封的陈旧封条，印着济南某茶庄的字样。我在拆封品尝后仔细观察了身体的反应，首先是农药残留对脑神经的刺激。20 世纪 50 年代农药还未发明，这款茶却有着当代才会出现的与农药一致的神经毒性。再来是湿仓霉菌的足迹，身体不同部位在胸口、胃、脑都感知到细菌在身体漫延及附着的紧致。查看茶底是新茶被加湿做旧的痕迹，又伴随着过度烘焙后茶叶炭化的僵硬，叶底蜷缩无法舒展。

觉知力是观察自身与周遭一切事物的基础，专门对治眼见为凭之外的作假。20 世纪 50 年代原厂的马口铁罐、未拆封且陈旧斑驳的封条，如果再加上一个动人的故事及预算之内的价格，很多人就会入套了。

美的觉知，又何尝不是如此？以往我在欣赏书法时，会借由字形及上下文的字义去揣摩笔墨的内涵，但总觉理解得过于肤浅。前一阵子去台北故宫博物院亲睹了宋徽宗的真迹《诗帖》，五米外看到宋徽宗偌大的字迹，胸中便凝聚了一股略让人无法喘息的力道，且上审头顶。 我所感知的是宋徽宗属于文人的傲骨。 但自观赏者的角度而言，却又不由得钦佩宋徽宗在字迹上独树一格的气节，美得不像是正身处于复杂的政治环境。

真正古董鉴赏的大家，看的是时代的整体气韵，料、工、形、纹只是沟通的介词。 有一次拜访一位经营古美术的朋友，正在店里插花。 他边梳理着宋瓷瓶上的枝叶边说，宋代文人的风骨就体现在这器物的线条美感上，一手指着旁边另一只花瓶说，你看那明代的就变调了。

"觉知审美"所要捕捉的，正是器物引起内心深处不同层次共振的感动。 新品有新品的感动，古董有属于那个时代的气韵的感动，对应于每个人心中那一把预算的尺。 培养自身对美的决断力，必将于宜古宜今的器物市场里悠游自在。

身、心、灵的审美感动

我由衷地希望，所有人能将"感动"作为赏器的初心，以"觉知审美"作为美的量尺，而以"身、心、灵"作为辨别审美层次的依归。让美，如是丰富我们的生活！

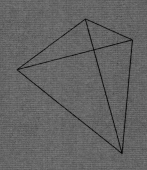

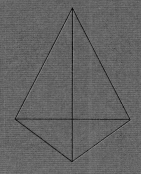

美，是什么？

美，是一种感动，是一种具有次第的感动。

我在《器与美》中将器物审美分为三个阶段，分别是实用性、个性及精神性。 而在柳宗悦的《茶与美》中，我则在导读里将精神性分为有为与无为两个层次。 最后到了本书，再将鉴赏力的次第以身、心、灵来阐述。 身，包含了实用性与部分个性的层次；心，包含了部分个性及精神性的有为层次；灵，则等同于精神性的无为层次。

器物之美之于自身的感动对应到身、心、灵三个不同次第，开展出截然不同的深度共鸣。

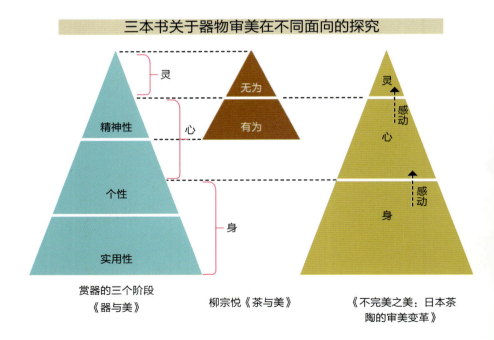

三本书关于器物审美在不同面向的探究

赏器的三个阶段
《器与美》

柳宗悦《茶与美》

《不完美之美：日本茶
陶的审美变革》

◇ 感动入身：五感

这里的"身"指的是眼、耳、鼻、舌、身的五感，器物在五感中所驱动感人的力量主要来自眼所见与触所感。

柳宗悦曾形容日本的浮世绘在欧洲之所以大受欢迎，是因为浮世绘对欧洲人而言，是崭新的视觉冲击。陶瓷器的美，在五感的层次亦是比较之美。即使过尽千帆，也有机会持续发觉一件较以往所见更美的器物。见过足够多的器皿，必能识别器物间一定程度的相异与相似，哪怕只是一张照片。

柳宗悦在 1936 年成立了日本民艺馆之后，还不断进出各大小拍卖场为民艺馆搜寻藏品。当时进入拍卖场的物件，会在拍卖会开始前先陈列于展示区，由于陈列的方式比较类似大杂烩，常有高低上下混杂遮蔽彼此的情况，柳宗悦往往能以眼快速扫过拍品，甚至只要瞥见器物的一隅，便能认定其价值。

所以在"感动入身"的阶段，没有捷径，只有多看，训练自己能分辨同类型作品之间差异的眼力。

而面对实用型器物，例如茶器，若能上手则多了一项辅助性的判别。玩古董的人都有一个共识，器物上手与否有着天壤之别。我的经验是高清照片最多揭露 70% 的美，剩余的 30% 必须上手觉察。触感中或细致或粗糙，或精巧或枯寂，或沉重或轻盈，都牵动着整体感官的接受信息，虽说视觉仍是判别美的主体，但缺少了触觉，美的认知便不够完整。

身、心、灵的审美架构中（见第236页"三本书关于器物审美在不同面向的探究"），"身"所指的五感涵盖了"实用性"及部分的"个性"审美。茶器中的实用性，指的是为了达成使用者的饮茶需求，茶器所需具备的功能性，例如好用顺手及能呈现出最好的茶汤。"个性"则是在实用的基础上，所追求的"自己说了算"的个性美。

◇ 感动入心：共鸣

所有的固体在纳米微观下，是原子与电子的缠绕，是能量态。人的心念亦是能量态。陶艺家在创作的当下，将自身的心念源源不绝地注入作品中，成品便凝聚了心的能量于其中。

观赏者之所以会对一件器物着迷，是因为自己心的频率与作品的频率叠加发生共振。这类似于当我们打开传统收音机，是收音机发出的频率与广播电台的频率叠加产生共振，让收音机得以接收到清晰的音频所致。

也就是观赏者与创作者双方心的频率产生了物理的共振，在感性面称为共鸣。

但是这样的共鸣是变动的。经过观赏者与创作者的人生各自的历练，当一方提升至更高的频率时，频率高者的审美高度则凌驾于另一方。这如同是在现代高楼不同楼层所见的风景，低、中、高层皆有所不同一般。高频的一方能见到低频者所见不到的景致，低频

不完美之美
日本茶陶的审美变革

者则无法窥伺高频者的玄机。

如果从时间的推移来看，观赏者与创作者都有人生的春、夏、秋、冬四季。春天的青涩、夏天的奔放、秋天的成熟，与冬天的冬藏。人一般会随着时间的锻炼而更成熟，但对美的觉知能力则大都仅止于秋天，只有极少数人能入冬。我称秋天到冬天这个阶段为"鲤鱼跃龙门"，唯有越过龙门的创作者，其作品才有"冬藏"的价值；而之于观赏者，才有辨别冬藏品的能力。

身、心、灵的审美架构中，"心"涵盖了"个性"的上半段及"精神性"的"有为"。"个性"美的阶段，观赏者与创作者各自表述，这样的美是属于"自己说了算"的美。但是晋升到精神性的审美情境时，则考验着创作者与观赏者的修为。

由于当代的知名作品大都是个人创作，属于"有为"的范围，也是创作者个人修为赤裸的呈现。越高的修为，作品发出的频率则越高，观赏者若能接收到这类的高频，定会触动内心深处的共鸣。

曾在座谈会时被读者问到："我以为美来自心动，是很个人的，是个人在与人、事、物的互动瞬间产生的深刻感动。创作者与观赏者任一方所领略的器物之美并无高下，或许用恰如其分或适得其所，是否会更贴切一些？"

如果说美是很个人的，每个人当下的认知都可以成为美的标准，那美就不需要学习了。然而对于创作者而言，作品所呈现的美等同于个人修为的外在表现。修为是必须透过内求与自省后精进再精进的，创作出的美才可能不断地提升。对于观赏者的鉴赏力而言，又何尝不是如此？

在"精神性"范畴修为有成的创作者，虽说是落于"精神性"的"有为"，仍可感受到其作品所蕴涵的"安静""祥和"及"愉悦"的特质。历史上的名工，例如乐烧初代长次郎，其传世作品中蕴藏"静"的特质，就被后世津津乐道地传颂着。然而这样的内在特质，与显露于外的作品风格没有必然性的关联，不论精致或侘寂，是汝窑或高丽茶碗，沉静的内涵是异曲同工的。

这类的感动，透过"身"的五感向上传递到"心"，从眼的稀缺识别进入到频率的接收及共振，自外观的美跃升至内在的正向情绪波动。这，便是入心的感动。

◇ 感动入灵：提升

身、心、灵的审美架构中，"灵"代表了"精神性"的"无为"。

"无为"是柳宗悦对美的唯一坚持，源自明朝中期的日本茶人们（约于村田珠光时期），将"喜左卫门井户"视为天下第一茶碗的集体认同。那不为名、不为利，非个人作品的集体创作，因无我才得以诞生最纯粹的真美。柳宗悦自禅语"至道无难"中体悟到，"喜左卫门井户"的美正是该禅语的最佳实践。他说："只有无难的状态才值得赞赏，因为那里波澜不起，静稳的美才是最终的美。"

入灵的作品，有着无可取代的特质。一是疗愈，二是具备引领使用者向上的力量。

　　一位修习表千家的日本陶艺家，在一对患有轻微忧郁症的堂兄弟来访时，以自己制作的茶碗亲手点茶奉茶，堂弟在饮毕后表示："捧着这只茶碗喝茶，有深深被疗愈的感觉。"此后，陶艺家便将能创作出具有疗愈力量的作品，作为此生创作的目标。

　　乐了入（1756—1834 年）是乐烧第九代传人，享年 79 岁，是乐家最高寿的传人之一。我有一次上手一只他交付衣钵给十代后，在隐居时期创作的茶碗。捧在手心时感受到一股宁静沉稳但令人放松的力量，由心往外扩散开来。往下至双腿雄浑沉厚，往上至脑牵动头顶正中央的百会穴，微微聚气。似乎感受到创作者的精神能量，让观赏者倍觉开阔而舒畅。作者在创作的当下，若纠结苦恼，则郁闷之气会嵌入作品；反之，修为到了一定的高度，作品会让观赏者感受到他的器宇不凡。只可惜我仍无缘亲自上手长次郎的茶碗做出最终的确认，但根据入手九代了入的作品，以及在京都乐美术馆隔着玻璃柜亲睹"万代"的体验，让我愿意相信长次郎部分作品所展现的动静相依，已然企及无为的精神层次。

　　所谓入灵的引领，是创作者自身的修为已经臻至自然的无为境界，能让观赏者或使用者借由亲睹或上手作品，来达到提升精神高度的状态。这样的提升，一定是正向的，能让观赏者感受到光明、宁静与放松。

　　从心的感动蹿升到灵的感动，肉身在物理上的共振会更高频，位置会往脑顶端上蹿。情绪上能更和谐，甚至能感受到爱与温暖。

觉知作品上身、心、灵的层次之美

台湾当代美学的代表性人物之一，前东海大学建筑系主任，台南艺术大学创校校长，并出过数本美学论述的汉宝德教授在《为建筑看相》中，有这一段既坦白又令我震撼的表述："在西洋的现代美术中，我始终不能真正体会到塞尚与康定斯基的作品价值。我自书本上了解他们的历史地位，然而我承认他们的永恒性只是因为大家都承认而已。说起来很不好意思的，对于我国在艺术史上声望不下于塞尚的八大山人的作品也没法得到我的激赏。我坦白如上，但也相信世上大多数的专家与一般民众要依赖权威的意见下判断，只是大多不肯承认而已。"

我惊叹于汉宝德的率直，尤其在其美学地位已备受肯定后作出这样的表白。然而我更感叹于当今日本拍卖界的现况，同一位作者的作品，有与没有作者签名落款的外盒"箱书"，价格居然有数倍的差距。而作品不愿落款的民艺大将如滨田庄司或河井宽次郎，则在去世后由其妻或子代为鉴定，并在外盒上代作者题字落款以资证明。而根据鉴定书方可卖出公认市价的例子不胜枚举。

参与拍卖的绝大多数人，由于无法觉知作品上身、心、灵的层次之美，只能依循箱书上的签名及作品上的落款，人云亦云地随歌起舞。甚至完全不关心美为何物，只在乎拍品能为自己赚多少钱。于是有大批仿品投入市场，在箱书上模仿笔迹，在作品上模仿陶印，让原本杂乱的市场更显浑浊。这也让鉴定衍生出一门生意，鉴定者依鉴价收取一定费用，送鉴者赚取作品附带保证书的溢价。 然而鉴定出错的事件至今从未停歇。

曾在一位藏家手上见过一个被几世纪前的里千家家元，在箱书上认证为其"秘藏"的志野茶碗。 碗上的缩釉崩裂，如同千疮百孔、面生脓疮，近看更引人恐慌不安。 就算有这般强而有力的家元背书，人们所冀求的美又在哪里？ 难怪柳宗悦要批判三千家家元世袭制度的黑箱作业，该如何确保后继的家元是天才而非庸才？ 若家族中无法确认后继者的优异资质，又何妨打开黑箱向业界征才。 如同日本民艺馆所遴选的新一任的总馆长，是借由各地方的民艺馆分馆长组成的理事会票选而出。

我所认识的优秀作者所创作的茶碗，展出品中只有不到十分之一能达到绝美，甚至曾听一位日本陶艺家感慨地说，他的作品只有百分之一能达到自己认可的状态。 那箱书与落款所代表的意义何在？ 拍卖的成交价又能代表什么？ 至少，那并不代表美。

柳宗悦说："因为有名所以觉得好而看见，受到评论的引导而看见，因为某种主义的主张而看见，基于自身幽微的经验而看见，这样的话只是单纯地视而不见。"

视而不见，或成为搜藏者的常态。 我由衷地希望，所有人能将"感动"作为赏器的初心，以"觉知审美"作为美的量尺，而以"身、心、灵"作为辨别审美层次的依归。 让美，如是丰富我们的生活！

收录作品图片索引

第3章

收录作品图片索引

不完美之美
日本茶陶的审美变革

第 7 章

不完美之美
日本茶陶的审美变革

第 8 章

第 9 章

收录作品图片索引